笑死人的进化

艰难的进化

U0222949

［日］今泉忠明　［日］今泉智人 编

［日］森松辉夫 绘

佟凡 译　刘静　蒋维　袁梓铭 审校

中信出版集团 | 北京

前言

　　最后的秘境，人类认知的边界，未曾踏足的土地，未知的世界，这些词所描述的正是深海。深海中隐藏着太多人类尚未知晓的事情。不仅仅是深海生物，深海的资源、形成过程、形态，都是人类知之甚少的。

　　本书将为大家介绍的热液喷口同样位于深海，在那里，生活着从甲烷和硫化氢中摄取营养的动物。它们成群结队地在热液喷口周围活动。它们的食物既非动物也非植物，而是化能合成有机物。我想告诉大家的是，深海中有太多会令人类大为震惊的知识。本书将为大家介绍的动物同样如此。

　　深海是光线无法到达的世界。为了适应环境，深海中生活着很多眼睛退化的动物。正因为光线无法到达，它们的感觉器官非常发达，可以凭借水流和声音探查到猎物或天敌所在的地点。

另一方面，也有一些动物进化出了能够看到微弱光线的能力。这些动物让我们看到了生命的顽强和能力，哪怕环境再残酷，生物也能想办法适应。

这本书中写到了很多过分努力，结果进化得奇形怪状的动物。可是它们这样进化是有原因的。如果大家能够一边思考一边阅读，就能更深入地体会深海世界的奥妙。

本书请到了今泉忠明老师和今泉智人老师担任编者。智人老师一直活跃在水产、海洋研究的最前沿。插图由森松辉夫先生绘制，请大家尽情享受深海动物的精彩图片吧。

《艰难的进化》编辑部

深海是什么？

水深超过 200 米就是深海

首先，让我们给深海下个定义。深海指的是水深超过 200 米的海域，这是因为太阳光透过海水，能到达的深度就是大约 200 米。在 200 米以下的深海生活和捕食的生物叫作深海生物。

即使同样是深海，不同深度的叫法也有所不同。200～1000 米为暮光层，1000～4000 米为午夜层，4000～6000 米为海渊，6000 米以下为海沟。不过本书不使用以上说法，除了特殊情况之外，会尽量用米数来表示。因为生物并不会按照人类划分的区域活动，而是由猎物所在的地点和自身能力决定的。以抹香鲸为例，它们的活动范围可以从真光层一直延伸到 3000 米以下的深海。

顺带一提，真光层指的是深度在 200 米以内的区域，简单来说就是浅海。

水深与深海

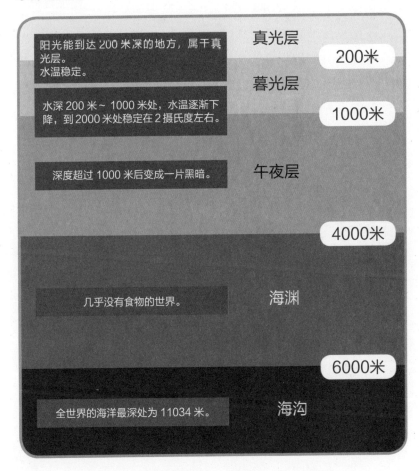

阳光能到达 200 米深的地方，属于真光层。
水温稳定。

真光层

200米

暮光层

水深 200 米～1000 米处，水温逐渐下降，到 2000 米处稳定在 2 摄氏度左右。

1000米

深度超过 1000 米后变成一片黑暗。

午夜层

4000米

几乎没有食物的世界。

海渊

6000米

全世界的海洋最深处为 11034 米。

海沟

光的颜色不同，能穿透的距离不同

200 米深度以内的海水能保持一定的温度，可是如果继续向下，温度就会快速下降。尽管温度会随着深度的增加逐渐下降，不过到达 2000 米的深度之后，水温就会稳定在 2 摄氏度左右。

下面将为大家介绍太阳光的特点。正如上文所说，太阳光在水中能到达 200 米左右的深度，不过这里指的是蓝光。

除此之外，太阳光中还包括红色、黄色、绿色等不同颜色的光。与蓝光相比，这些颜色的光在更浅的区域就不再可见。

最先消失的是红光，只能到达 10 米左右；接下来是橙光，能到达 30 米左右；然后是能到达 55 米深的黄光。

另外，紫光能到达 100 米，绿光能到达 110 米左右。顺带一提，紫外线只能到达 30 多米的深度。海水看起来之所以是蓝色或者绿色的，正是因为其他颜色的光都被大海吸收了。

虽然 200 米以下的地方，人的眼睛看不见阳光了，但是一直到 1000 米深的地方，有些视觉敏锐的生物依然能看到阳光。可是一旦超过 1000 米，就是漆黑一片。

海洋的深度关系到水温、颜色和水压。在地面上，气压大概相当于每 1 平方厘米受 1 千克左右的力，而在 6500 米深的海里，水压大概相当于每 1 平方厘米的水受 670 千克的力。

在这里，空塑料瓶会被压扁，不过装满水的塑料瓶却能够保持原状。生活在深海中的动物之所以不会被压扁，正是因为它们体内装满了水。

世界上最深的海沟是马里亚纳海沟

现在我将为大家介绍世界上最深的海沟，这就是马里亚纳海沟。海沟指的是大海中的最深处。

地球由几个板块组成，板块一直在移动，可能会出现一个板块沉入另一个板块之下的情况，下沉处会变深，在海洋中则成为海沟。

马里亚纳海沟位于太平洋西部，最深处达到了 11034 米。

不过，人类依然在不断调查海沟的最大深度，未来很有可能会发现更深的地方。

目录

第一章　令人震惊的深海世界

第二章　太奇怪了! 深海动物

第三章　超级大的深海生物

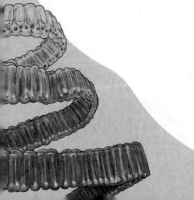

第四章　可爱的深海动物

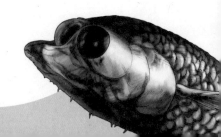

第五章 太神奇了! 日本近海的深海动物

第一章

令人震惊的深海世界

在深海中，有一片在大陆上无法想象的广阔世界。本章将为大家介绍其中最令人震惊的场景，比如抹香鲸对战大王乌贼，以及 1 万米之下的深海世界。

抹香鲸对战

大王乌贼
（详见第 7 页）

大王乌贼

抹香鲸
（详见第 5 页）

深海中，巨大生物们的战斗在反复上演。这是一场以命相搏的战斗，大王乌贼紧紧缠住了抹香鲸，抹香鲸身上能看到大王乌贼的吸盘留下的痕迹。究竟哪一方会取得胜利呢？

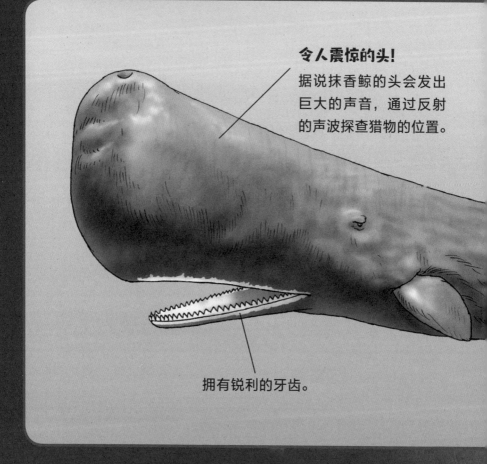

令人震惊的头！
据说抹香鲸的头会发出巨大的声音，通过反射的声波探查猎物的位置。

拥有锐利的牙齿。

　　胜利者是抹香鲸。抹香鲸的牙齿锐利，据说甚至会攻击被称为食人鲨的大白鲨。而且抹香鲸的体长达到 18 米，绝非普遍只有 5 米长的大王乌贼可比。

　　大王乌贼的体内含有大量氨离子，因此散发着一股难闻的臭味，可是抹香鲸非常喜欢这股臭味。

　　抹香鲸是哺乳动物，因此需要在水面上呼吸。不过抹香鲸

最喜欢大王乌贼！
还会攻击大白鲨！
抹香鲸

的肌肉能够贮存氧气，所以潜水时间能够超过 1 个小时，可以在此期间捕食大王乌贼。

抹香鲸

栖息深度	0 ~ 3200 米
分类	哺乳纲
分布	世界各地的海洋
尺寸	体长 18 米（雌性为 12 米）

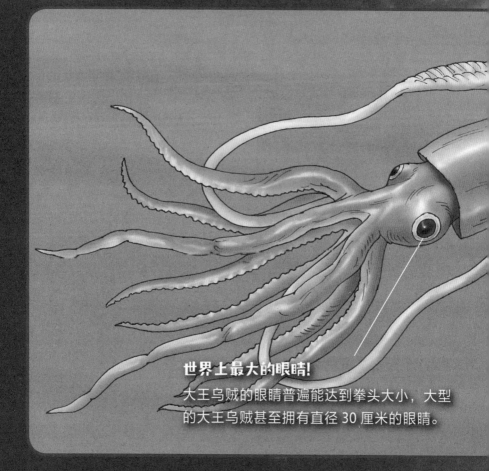

世界上最大的眼睛!

大王乌贼的眼睛普遍能达到拳头大小，大型的大王乌贼甚至拥有直径 30 厘米的眼睛。

抹香鲸主动发出声音，利用反射的声波发现猎物。而大王乌贼并没有这种能力，因为乌贼没有耳朵。

可是为了代替耳朵，大王乌贼进化出了发达的眼睛，可以用大眼睛发现天敌和猎物。那么，大王乌贼是如何在漆黑的深海中发现抹香鲸的呢？

是通过抹香鲸发出的光。虽说如此，但抹香鲸身上并没有发光器。

充满氨离子的身体

大王乌贼的体内含有大量氨离子。这让大王乌贼的身体比海水更轻。

『视力』与『听力』的对决！
可以用大眼睛发现天敌
大王乌贼

抹香鲸游泳时，身边会发出微弱的光芒，那是小的发光动物由于受惊发出的光。大王乌贼看到它们发出的光后，就能从抹香鲸身边逃走。

大王乌贼

栖息深度	数百米～1000 米
分类	头足纲
分布	世界各地的海洋
尺寸	体长 5 米（最长能达到 20 米）

栖息在热液喷口

赫氏拟阿文虫
（详见第 13 页）

深海盲虾
（详见第 11 页）

深海偏顶蛤

壳厚，会将一半身体插入海底，属于群居动物。双壳纲，壳长 10 厘米，生活在日本相模湾、冲绳海槽等地，栖息深度为 600 ~ 3650 米。

柯氏潜铠虾
（详见第 10 页）

萨摩羽织虫

会聚集成大群落，住在自己的身体制成的管子里。多毛纲，管长 1 米，生活在日本鹿儿岛湾、南海海沟80 ~ 430 米深处。

※ 聚集在热液喷口周围的动物想象图。实际栖息地和栖息深度各不相同。

周围的生物们

汤花深白蟹

特点是拥有滑溜溜的壳和巨大的蟹螯（áo）。软甲纲，壳的宽度能达到6厘米，生活在日本小笠原群岛到马里亚纳海沟附近的海域400～1600米的深度。

鳞角腹足蜗牛
（详见第 12 页）

雪人蟹
（详见第 103 页）

深海中没有光线，因此没有需要光照的植物。那么动物是如何生存的呢？其中一个秘密就在于热液喷口。它们以热液喷口喷出的物质为食。

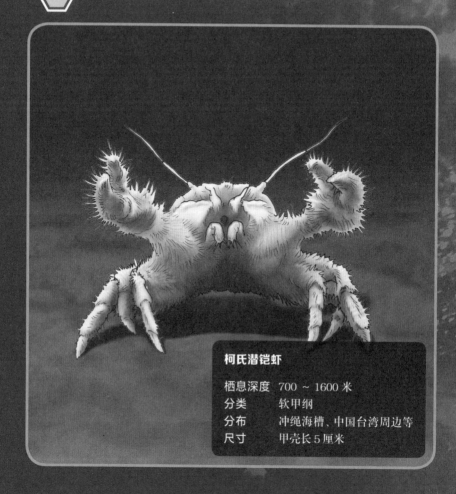

柯氏潜铠虾

栖息深度　700 ～ 1600 米
分类　　　软甲纲
分布　　　冲绳海槽、中国台湾周边等
尺寸　　　甲壳长 5 厘米

　　海底有热液喷口，能喷出被地下岩浆加热过的海水，温度超过 300 摄氏度。由于海底水压高，热水在这么高的温度下依然不会沸腾。

　　热液喷口喷出的热水中含有甲烷和硫化氢，有些细菌能够将这些物质转化成能量，于是有些动物让这些细菌住在体内来获取营养。

就像光合作用一样，细菌通过化能合成有机物得到能量，供这些动物利用。于是热液喷口附近便形成了生物群。

在下一页中，我将为大家一一介绍这些动物。

依靠合成有机物生存的动物

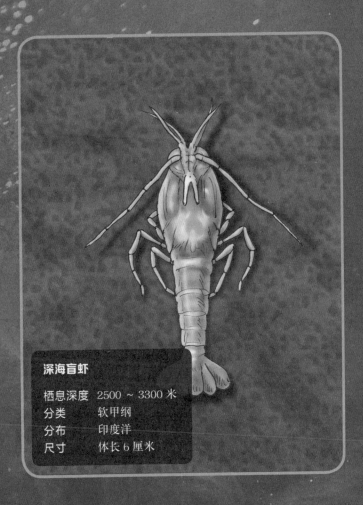

深海盲虾

栖息深度	2500 ~ 3300 米
分类	软甲纲
分布	印度洋
尺寸	体长 6 厘米

还发现了白色的鳞角腹足蜗牛

（也有黑色品种）

鳞角腹足蜗牛

栖息深度	2420 ～ 2780 米
分类	腹足纲
分布	印度洋
尺寸	壳宽 2 厘米

　　让我们来看看聚集在热液喷口周围的动物们的饮食生活吧。

　　柯氏潜铠虾和雪人蟹会吃沾在毛上的细菌，深海盲虾会吃附着在甲壳上的细菌。

　　另外，萨摩羽织虫和深海偏顶蛤与体内的细菌共生，它们通过获取细菌制造的营养来生存。

　　汤花深白蟹也会吃簇生细菌，还能吃来到热液喷口附近的动物。另外，赫氏拟阿文虫会在热液喷口附近筑巢，能承受100摄氏度的高温，同样以细菌为食。

　　顺带一提，鳞角腹足蜗牛"脚"上有鳞片，能保护身体。

赫氏拟阿文虫

栖息深度　777 ~ 3600 米
分类　　　多毛纲
分布　　　西太平洋
尺寸　　　体长 3 厘米

热液喷口周围生活的各种动物

栖息在死鲸周围

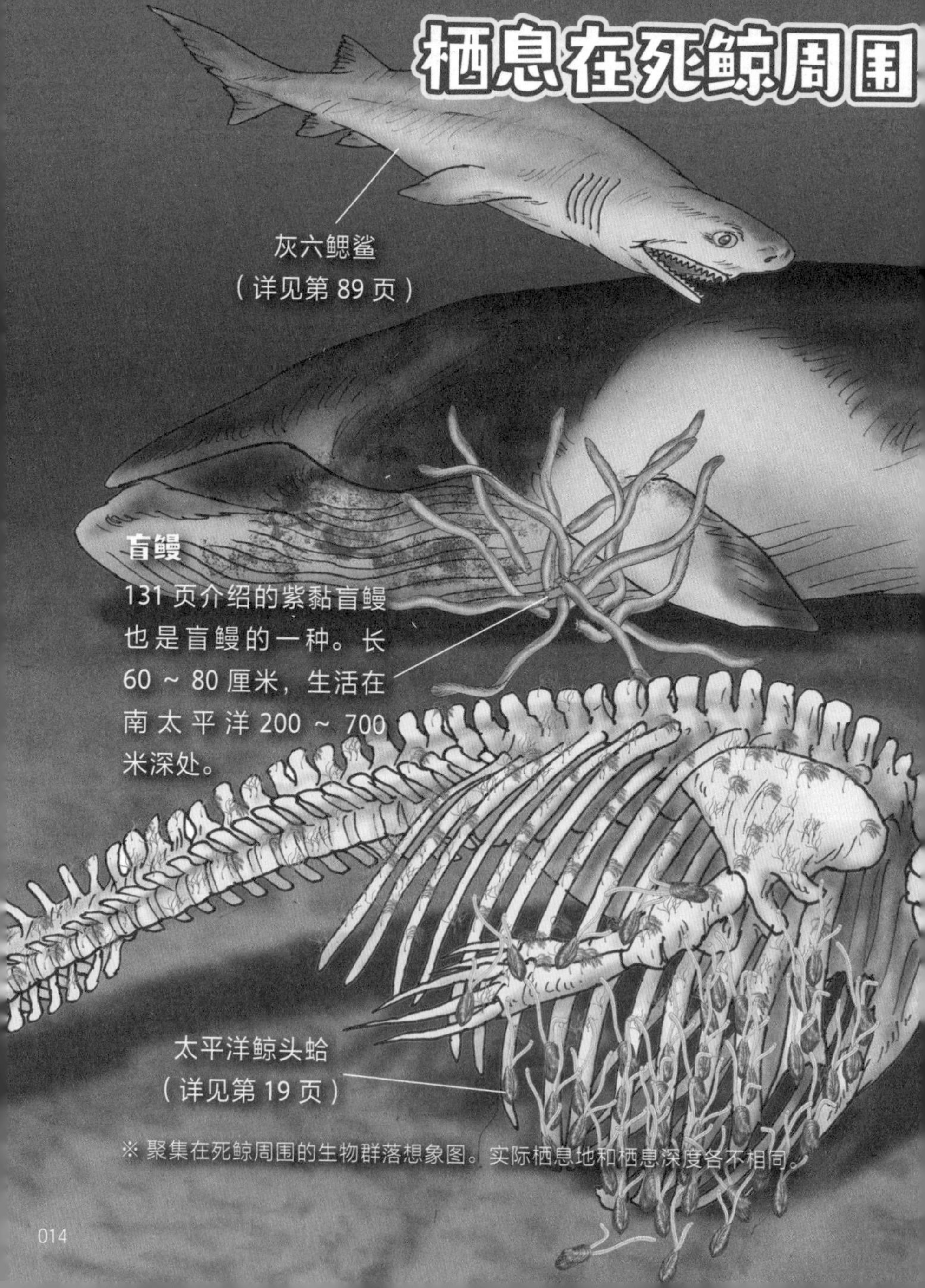

灰六鳃鲨
（详见第 89 页）

盲鳗
131 页介绍的紫黏盲鳗
也是盲鳗的一种。长
60 ～ 80 厘米，生活在
南太平洋 200 ～ 700
米深处。

太平洋鲸头蛤
（详见第 19 页）

※ 聚集在死鲸周围的生物群落想象图。实际栖息地和栖息深度各不相同。

的生物们

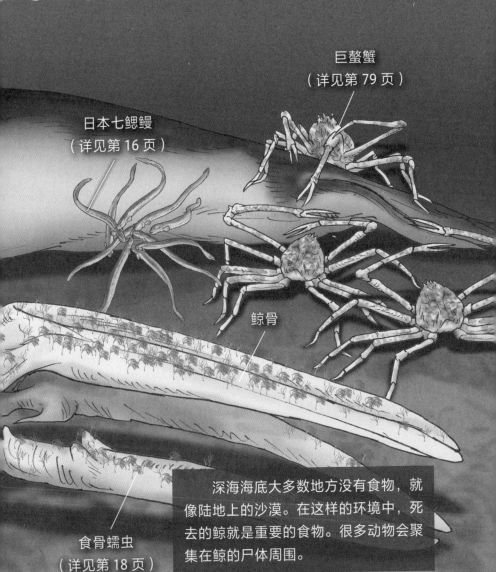

巨螯蟹
（详见第 79 页）

日本七鳃鳗
（详见第 16 页）

鲸骨

深海海底大多数地方没有食物，就像陆地上的沙漠。在这样的环境中，死去的鲸就是重要的食物。很多动物会聚集在鲸的尸体周围。

食骨蠕虫
（详见第 18 页）

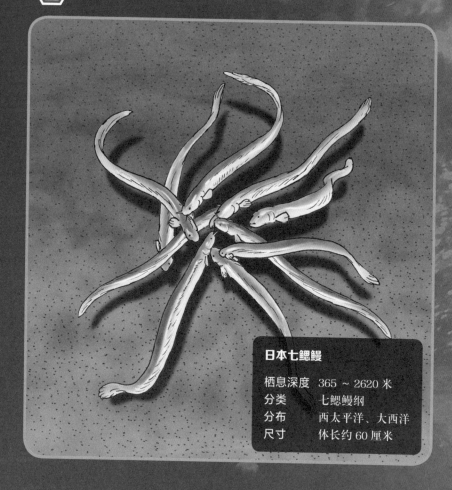

日本七鳃鳗

栖息深度	365 ～ 2620 米
分类	七鳃鳗纲
分布	西太平洋、大西洋
尺寸	体长约 60 厘米

　　尽管同样是聚集在鲸尸周围的动物，不过根据鲸的状态不同，聚集的动物种类也不同。首先让我们来看看刚死去的鲸身边的情况，这种状态的鲸处于移动清道夫阶段，还留有鲸肉。

　　在有鲸肉残留期间，灰六鳃鲨、盲鳗、巨螯蟹、日本七鳃鳗会聚集在死鲸周围，连内脏都分食干净。

日本七鳃鳗的特点是有圆圆的头。这些生物会将鲸吃到只剩下骨头，这一阶段要花掉几个月甚至好几年时间。

鲸落

死后时间	阶段名称	特点和群落
死后～数年	移动清道夫阶段	鲸肉可食用时期，有鲨鱼和盲鳗等动物聚集。
数月～数年	机会主义者阶段	只剩骨架的阶段。一些小型甲壳类动物开始清理残渣。
数年～数十年	化能自养阶段	有机物腐烂产生硫化氢，贻贝类动物聚集。
数十年～数百年	礁岩阶段	有机物消耗殆尽，只剩下单纯的矿物质，成为生物们的聚居地。

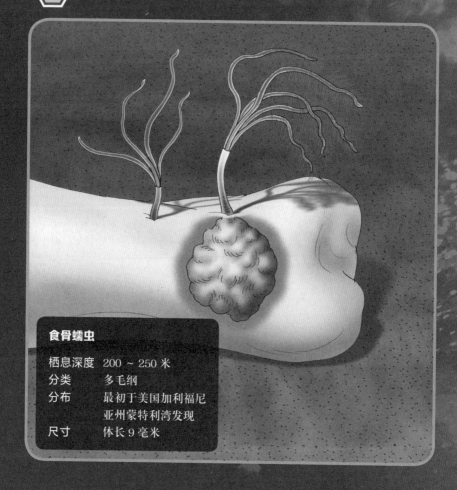

食骨蠕虫

栖息深度	200 ~ 250 米
分类	多毛纲
分布	最初于美国加利福尼亚州蒙特利湾发现
尺寸	体长 9 毫米

鲸就算只剩下骨头，依然有脂类等残留。

来吃这些脂类的是食骨蠕虫等动物。食骨蠕虫会附着在鲸的骨头上吸收营养。

度过这一阶段后，死去的鲸会进入化能自养阶段。微生物分解鲸骨头时会产生硫化氢，太平洋鲸头蛤等贻贝类动物登场，从这些物质中吸收营养。

　　接下来，骨头上的所有有机物都消耗殆尽，只剩下单纯的矿物质。哪怕变成这副样子，依然会有众多生物将鲸骨当成栖身之地。

聚集在鲸骨周围的动物们

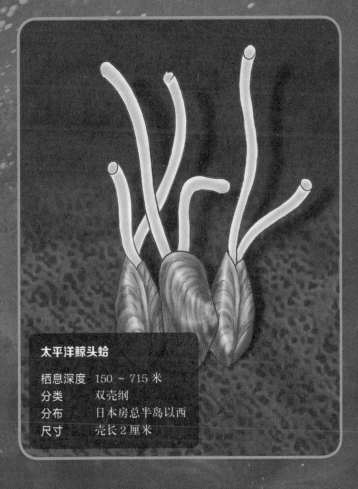

太平洋鲸头蛤

栖息深度	150 ~ 715 米
分类	双壳纲
分布	日本房总半岛以西
尺寸	壳长 2 厘米

栖息在5000米深海

梦海鼠
（详见第 39 页）

炉眼鱼

这种鱼的眼睛进化成了板状形。辐鳍鱼纲，体长约 13 厘米，栖息在大西洋、太平洋、印度洋中 1500 ～ 5000 米深处。

马里亚纳狮子鱼
（详见第 24 页）

※ 插图是想象图，实际栖息地各不相同。另外，本书还会介绍除了这两页之外，其他生活在 5000 米以下深度的动物。有帝王枝葵螉（第 109 页）和钝口拟狮子鱼（第 143 页）。

世界中的动物们

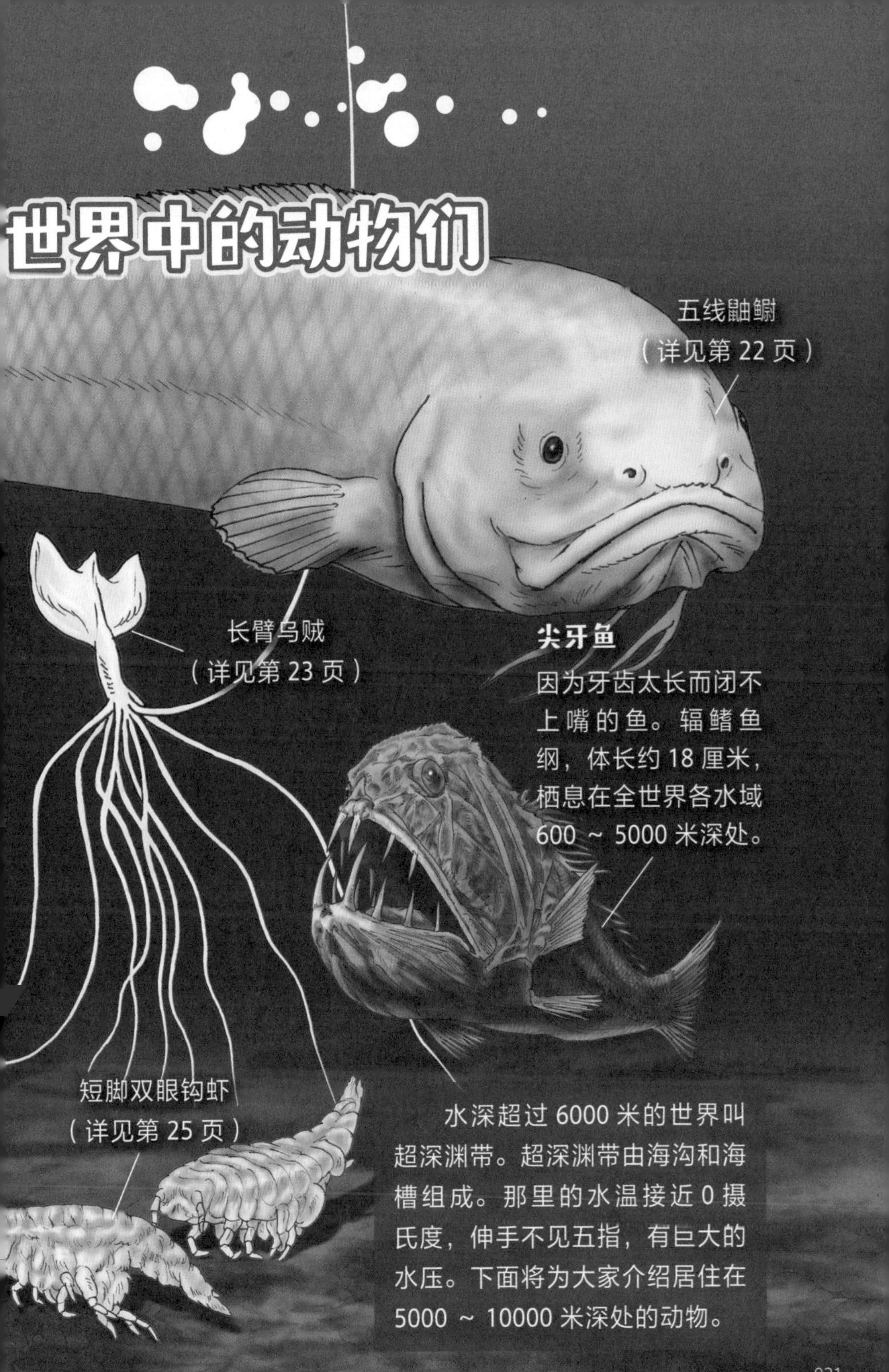

五线鼬鳚
（详见第 22 页）

长臂乌贼
（详见第 23 页）

尖牙鱼
因为牙齿太长而闭不上嘴的鱼。辐鳍鱼纲，体长约 18 厘米，栖息在全世界各水域600 ~ 5000 米深处。

短脚双眼钩虾
（详见第 25 页）

水深超过 6000 米的世界叫超深渊带。超深渊带由海沟和海槽组成。那里的水温接近 0 摄氏度，伸手不见五指，有巨大的水压。下面将为大家介绍居住在5000 ~ 10000 米深处的动物。

 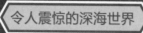

五线鼬鳚

栖息深度	800 ～ 4500 米
分类	辐鳍鱼纲
分布	太平洋、大西洋等
尺寸	体长约 1 ～ 2 米

　　抹香鲸能潜到的最深处是 3200 米左右。5000 米虽然还没到超深渊带，不过已经是相当深的位置了。

　　光线在 200 米深处就已经消失，自然无法到达这里。能成为鱼类食物的海雪也几乎已经被吃光，落到 5000 米深处的量相当少。

人们已经发现长臂乌贼能生活在 4735 米深的海底。长臂乌贼的躯干只有 10 厘米长，不过触腕长度可以达到 7 米。

尽管 5000 米深处没有发现五线鼬（yòu）鳚（wèi）的身影，不过它们可以生活在 4000 米深的海中，是同等深度中最大的肉食性动物。

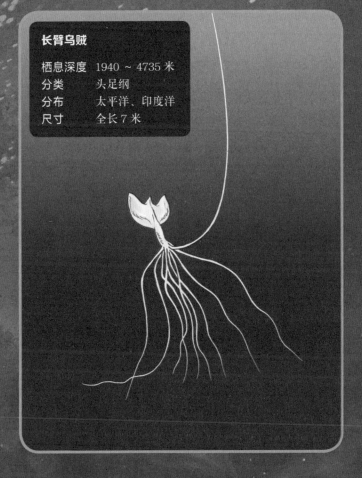

长臂乌贼

栖息深度	1940 ~ 4735 米
分类	头足纲
分布	太平洋、印度洋
尺寸	全长 7 米

马里亚纳狮子鱼

栖息深度　在 8200 米附近发现
分类　　　辐鳍鱼纲
分布　　　马里亚纳海沟
尺寸　　　体长约 30 厘米

　　直到不久前，人们依然认为 10000 米以下的深处没有生物，可是短脚双眼钩虾打破了这项常识。人们在 10000 米以下的深处发现了这种虾。

　　不过暂且不提虾这种无脊椎动物，人们认为有脊椎的鱼类无法生活在深度超过 8200 米的海洋中。鱼类的身体是由蛋白质组成的，支撑蛋白质的物质无法忍受超过 8200 米深处的水压。

　　而在 8200 米深度附近发现的鱼类是马里亚纳狮子鱼。它能够承受相当大的水压，和第 143 页将要为大家介绍的钝口拟狮子鱼同属。

约 8000 米深处的世界

短脚双眼钩虾

栖息深度	6000 ～ 10000 米以下
分类	软甲纲
分布	马里亚纳海沟、菲律宾海沟、日本海沟等
尺寸	体长约 4 厘米

热液喷口
生命诞生地!

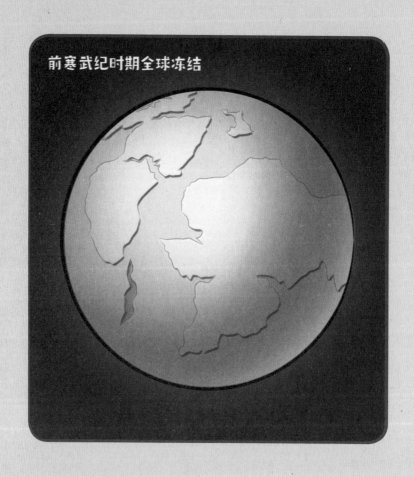

前寒武纪时期全球冻结

生命的诞生可以追溯到距今 38 亿年前。从 38 亿年前堆积的岩石上留下的生命活动痕迹，可以推断出生命诞生的时期。

　　可是，人类尚未知晓生命是如何诞生的。

生命诞生于深海？！

　　关于生命的诞生，有各种各样的说法，有人认为生命诞生于深海，原因是阳光中的紫外线。

　　现在，臭氧层能够保护我们不受紫外线的伤害。可是在地球刚刚形成时，紫外线会直接照射在地球上，会破坏生物的身体。可是如果在深海中，紫外线就无法到达。

　　而且学界认为大海诞生于大约 44 亿年前。正好与生命诞生的 38 亿年前相隔 6 亿年的时间，有充分的时间为生命诞生做准备。

生命的钥匙是全球冻结和热液喷口

那么，生命是如何在大海中诞生的呢？掌握这把钥匙的是全球冻结和热液喷口。

全球冻结是指地球全部冷冻。全世界甚至连赤道附近都像南极一样被冰雪所覆盖。学界认为在前寒武纪时期，地球出现过多次全球冻结现象。

前寒武纪指的是生命大量诞生的寒武纪之前，大约在46亿~5.41亿年前。

全球冻结后，地表无法出现生命活动。可是由于之后的寒武纪出现了生命大爆发，所以地球上应该存在生命之源。有学说认为生命之源是热液喷口。

在热液喷口附近，生命不是由阳光孕育而生的，而是由地下岩浆加热海水后产生的化能合成细菌孕育而生的。就算地表冻结，大海深处依然在喷出热水。或许热液喷口正是生命起源处。

据说现在，为地球制造氧气的是蓝细菌。前寒武纪时代的地层中发掘出了大量蓝细菌沉积而成的叠层石，最古老的叠层石形成于大约37亿年前。

蓝细菌说不定就是从热液喷口中出现的。

第二章

太奇怪了！深海动物

深海里有很多超乎人类想象的动物。本章将为大家介绍其中最古怪的动物们，绝对会令你大吃一惊。

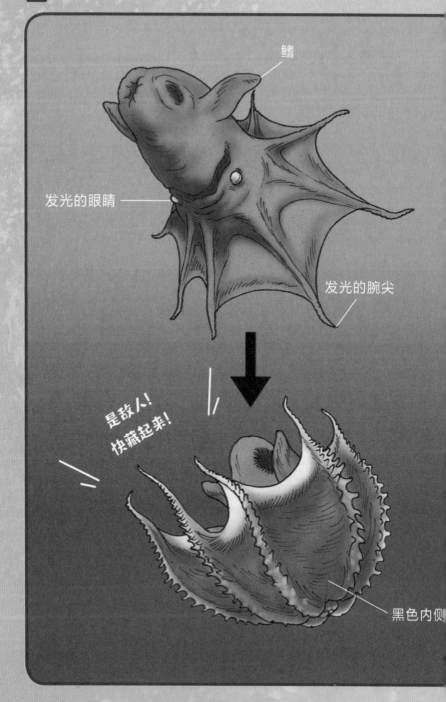

鳍

发光的眼睛

发光的腕尖

是敌人！
快藏起来！

黑色内侧

幽灵蛸

然而实际上…… 又名「吸血乌贼」，

尽管有一个可怕的名字"吸血乌贼"，但其实它一点都不可怕。吸血乌贼竟然奉行和平主义?!它们住在 500 米深的海里，因为氧气稀薄，所以鲨鱼等天敌几乎不会出现。因为深海中氧气含量低，所以吸血乌贼不会剧烈运动，只是悠闲地漂在海中，食物也不过是从海上落下来的海雪。

另外，就算鲨鱼来了，它们也只会张开黑色的薄膜和触腕，向内折叠，并将自己包裹起来，怎么看都很温和。而且吸血乌贼的逃跑速度很快，会缩起身子，划着头上的鳍一口气逃走。

幽灵蛸（shāo）

栖息深度	500 ~ 1200 米
分类	头足纲
分布	全世界温暖的海域
尺寸	体长约 30 厘米

太奇怪了！深海动物

长相令人忍俊不禁的雪茄达摩鲨

其实，它的脸上藏着秘密！

雪茄达摩鲨从上方看起来是身形细长的小鲨鱼。可是从下向上看，那张脸就会让人忍不住笑起来。因为，它的脸上藏着秘密。厚嘴唇是为了吸附猎物的身体，上颌细小的牙齿和下颌锐利的大牙能撕碎食物。雪茄达摩鲨撕碎食物的方式同样令人震惊。它们咬住肉后会旋转自己的身体，撕下一大块肉。比雪茄达摩鲨更大的金枪鱼和月鱼都是它们的食物。

被它们咬过后，猎物身上会留下一个圆形的伤口，却不会留下致命伤，也不会死去。所以雪茄达摩鲨随时都能吃到食物?!

雪茄达摩鲨

栖息深度	85 ~ 3500 米
分类	软骨鱼纲
分布	全世界温暖的海域
尺寸	体长 40 厘米

左眼格外大的相模帆乌贼 右眼也能用哟！

相模帆乌贼的左眼格外大，是右眼的两倍以上。据说左眼大的原因是为了发现身体上方的猎物。这种乌贼会侧着身体游动，让左眼朝向上方。

而且它的左眼看不见蓝色光，这只眼睛有黄色的晶状体，能够吸收蓝光。很多深海动物为了隐藏在海水的蓝色中，会发出蓝色的光。可是这一招对相模帆乌贼不起作用，它们看不见蓝色，只能看见发光体。

顺带一提，相模帆乌贼的右眼会一直朝向下方，寻找下方发光的猎物。两只眼睛分别发挥作用，真是精明的乌贼。

相模帆乌贼	
栖息深度	50 ~ 3500 米
分类	头足纲
分布	全世界温暖的海域
尺寸	体长约 8 厘米

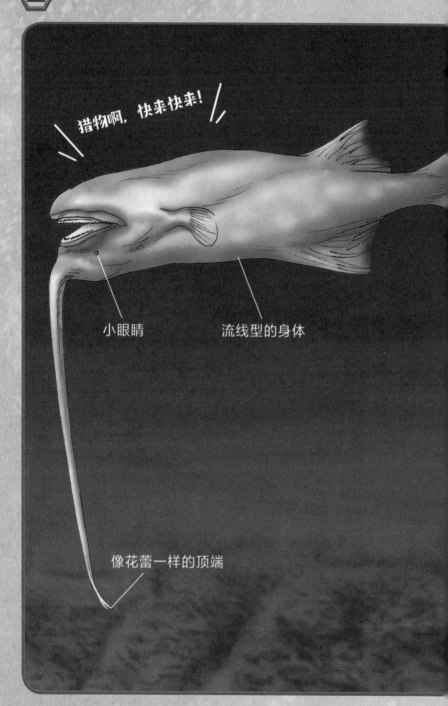

很擅长仰泳！长棘大角鮟鱇

鮟（ān）鱇（kāng）鱼的体型属于矮胖圆润型，不太擅长游泳。可是这种长棘大角鮟鱇身体细长，擅长游泳。

咦，我好像听到大家在议论它的泳姿："那不是仰泳吗……"没错，它是仰面朝天游泳的。

而且它的头顶会伸出一条又细又长的诱饵般的吻，顶端的形状像花蕾，作用是吸引海底附近的猎物。

顺带一提，长棘大角鮟鱇的眼睛很小，几乎看不见。不过只要"诱饵"碰到猎物，它们就会立刻发动袭击。

长棘大角鮟鱇

栖息深度	300 ~ 5300 米
分类	辐鳍鱼纲
分布	全世界温暖的海域
尺寸	体长 35 厘米（雌性）

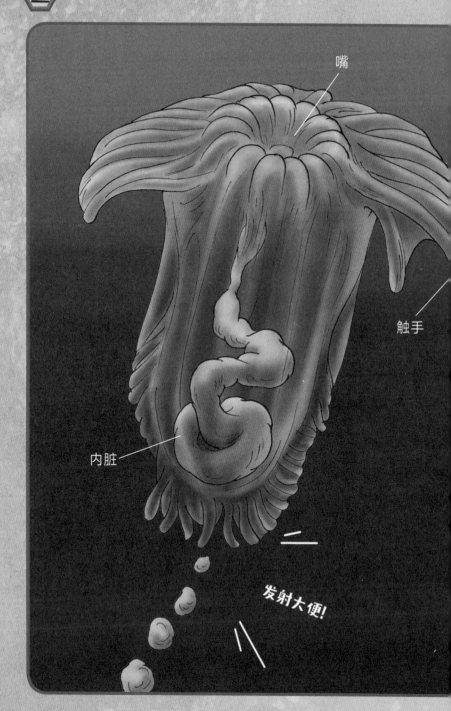

嘴

触手

内脏

发射大便!

泳姿优雅，却会利用大便逃走！梦海鼠

梦海鼠的泳姿优雅，宛如梦中世界的仙女。游泳时，它们会晃动着头顶降落伞形状的部位，轻盈飘逸。可是直到潜水员目击到它们游泳的姿势之前，人们都不知道它会游泳。

"降落伞"的中间是嘴。梦海鼠的食物是泥，通过摄取泥土中的有机物来获取营养。梦海鼠的身体透明，甚至能看到通过内脏的泥。而且一旦感觉到有危险，梦海鼠就会将泥巴大便从肛门喷射出去，减轻身体的重量逃走。顺带一提，泥巴经过梦海鼠的体内之后会变干净。可是"仙女"要利用大便逃走，真不像话！

梦海鼠

栖息深度	300 ~ 6000 米
分类	海参纲
分布	太平洋
尺寸	体长 20 厘米

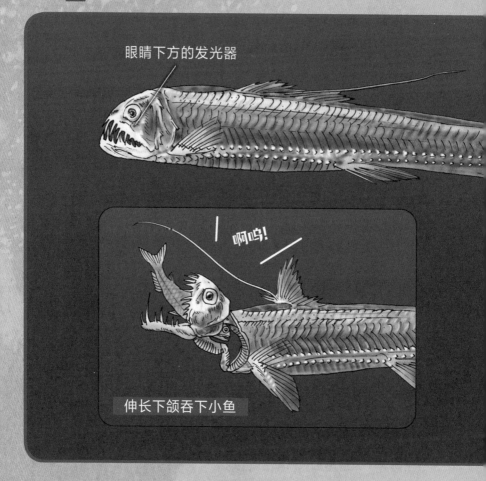

眼睛下方的发光器

啊呜！

伸长下颌吞下小鱼

　　因为蝰（kuí）鱼有一口长牙，所以没办法闭上嘴巴，是一种长相恐怖的深海鱼。它们用牙齿刺穿鱼虾，将猎物送入口中时，会将嘴张到最大，下颌向前伸出。因为下颌能伸展得很大，所以蝰鱼能吞下比自己更大的猎物。

　　蝰鱼的腹部和背鳍上有一排发光器，眼睛下方也有小发光器，作用应该是与同伴交流。

下颌伸出的程度惊人！

蛭鱼

蛭鱼身体细长，由于头部形状可怖，所以被称为"深海匪徒"。

蛭鱼

栖息深度　500～2800 米
分类　　　辐鳍鱼纲
分布　　　太平洋、印度洋、大西洋
尺寸　　　体长 24～35 厘米

从身体正中央伸出来的是什么？不是触角，不是胡须，也不是鱼鳍，是肠子。脱出得太厉害了吧，长度都达到身体的两倍了。

可是，这只是幼年时期，长大之后肠子就会缩回去。图中是柔骨鱼的幼鱼，肠子有些惊人啊！

那么，为什么肠子会伸出体外呢？据说是为了消化各种各样的食物，要延长肠子的长度。可是它们吃的是什么，连肠子都要伸出体外呢？

柔骨鱼的幼鱼

栖息深度	500 米以下（长大后）
分类	辐鳍鱼纲
分布	全世界温暖的海域
尺寸	体长 3.5 厘米（肠子除外）

过于惊人的肠子。

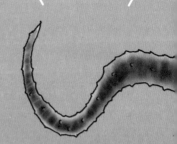

还可以拖着肠子游泳！
柔骨鱼的幼鱼

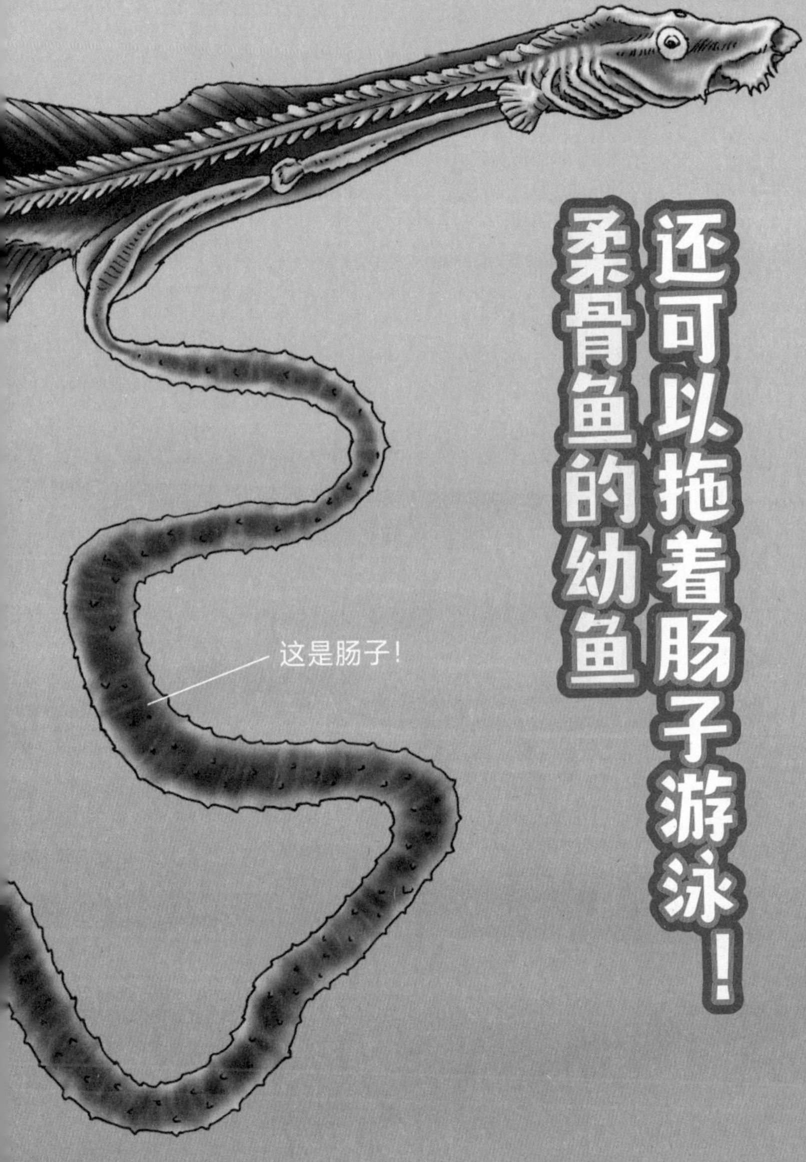

这是肠子！

043

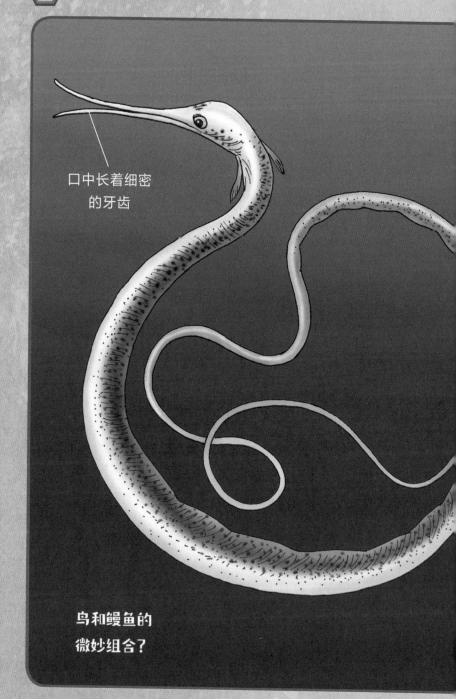

口中长着细密
的牙齿

鸟和鳗鱼的
微妙组合？

嗯，这是鳗鱼？嘴巴细长，奇形怪状 线口鳗

说到深海中的鳗鱼，有很多像怪物一样怪异。如果要分类，线口鳗应该属于恶心又可爱的类型吧。细长的嘴就像鸟喙，形状和鸟类中的鹬的喙相似，所以在日语中又叫"鹬鳗"。发白的颜色和嘴巴的形状都是在黑暗的深海中独自进化的结果。

由于细长的嘴尖端向上下两边弯曲，所以无法合拢。口中长着很多细密的牙齿，可以挂住小虾的触须完成捕食。

线口鳗

栖息深度	300～2000 米
分类	辐鳍鱼纲
分布	全世界温暖的海域
尺寸	体长 1.4 米

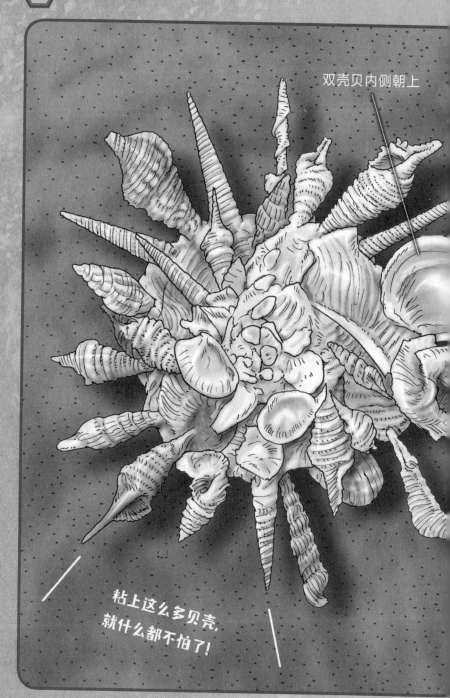

双壳贝内侧朝上

粘上这么多贝壳，
就什么都不怕了！

粘上了太多贝壳，已经看不清本来面貌！过于努力的缀壳螺

缀壳螺是一种奇怪的动物，直径 10 厘米左右，中央凸起的身体（壳）表面附着了密密麻麻的小贝壳和石子，而且自身也是贝壳。为什么要特意把其他贝壳背在背上呢？有一种说法认为缀壳螺自己的贝壳太薄，需要其他贝壳增加身体的厚度，然而实际原因尚未研究清楚。不过，这应该是它们躲避危险、保护自己的手段吧。

附着在缀壳螺身上的双壳贝一定是贝壳内侧朝上的。如果被敌人发现，就会误以为它是已经死去的贝壳，也可以认为这是常见于其他动物身上的"装死伪装"。

缀壳螺

栖息深度	50 ~ 1000 米
分类	腹足纲
分布	西太平洋、印度洋
尺寸	贝壳直径 8 ~ 10 厘米

没有晶状体的眼睛
（溢满的海水代替
了晶状体）

腕

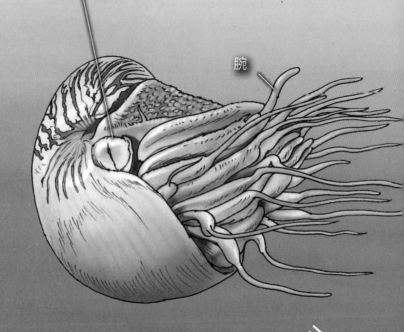

我有90多条腕哟——

(雄性有60多条)

鹦鹉螺 比恐龙更古老的动物！

鹦鹉螺与章鱼、乌贼同为头足纲动物。因为比恐龙还要古老，所以有"活化石"之称。从人约5亿年前开始，它的样子几乎没发生过改变。

雌性鹦鹉螺的腕超过90条，令人惊奇。腕上有黏液，黏糊糊的，捕食的时候能粘住猎物。据说腕上有味觉细胞，这同样令人惊奇。鹦鹉螺的壳里有很多个房间，身体只进入其中一间。其他房间中充满气体及少量液体，通过调整气体和液体的量来获得浮力。鹦鹉螺真是一种令人惊奇的动物。

鹦鹉螺

栖息深度	100 ~ 500 米
分类	头足纲
分布	西太平洋
尺寸	壳长 20 厘米

交配器

闪亮

发挥传感器作用的吻部

在水深 250 米附近，光线难以到达的海底，生活着一种华丽醒目，全身散发着金属光泽的鱼。这是一种银鲛（jiāo），名叫叶吻银鲛。它长着像大象鼻子一样的长吻，起着传感器的作用，能够感知微弱的电流，找到藏在泥土中的猎物，然后挖出来把它们吃掉。

雄性叶吻银鲛头部有一块小小的凸起，作用是在和雌性交

闪亮

第二章

太奇怪了！深海动物

充满华丽的金属质感，有长长吻部的叶吻银鲛

配时压住雌性的胸鳍，名叫交配器。

叶吻银鲛最大能长到约1.2米，是相当大的鱼类。

叶吻银鲛

栖息深度	0～250米
分类	软骨鱼纲
分布	澳大利亚、新西兰等
尺寸	体长1.2米

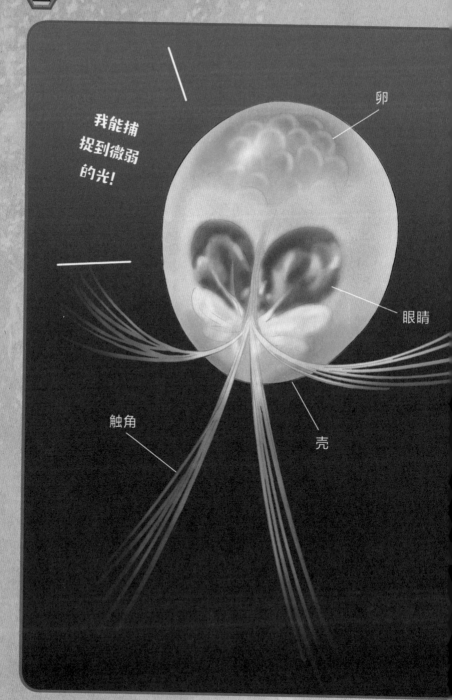

我能捕捉到微弱的光！

卵

眼睛

壳

触角

第二章 太奇怪了！深海动物

眼睛最聚光的巨海萤

巨海萤拥有“最聚光的眼睛”。进入眼睛的光线通过眼睛深处像抛物面一样的镜子反射，集中在感光细胞上。因此巨海萤能感觉到微弱的光线。深海中有些生物的眼睛因为光线几乎无法到达而退化，可是巨海萤却凭借性能优越的眼睛活到现在。

它的壳中藏着卵和长长的触角。图中隐约可见的是卵，触角通常会藏起来，移动的时候才会伸出几根来游泳。

巨海萤

栖息深度	900 ~ 1300 米
分类	介形纲
分布	南极附近海域
尺寸	体长 1 ~ 3 厘米

吸盘上有发光器的章鱼

章鱼界的超级稀有品种，腕上的吸盘会发光！

十字蛸

十字蛸吸盘上有发光器，在章鱼中非常罕见。通常情况下，章鱼会使用腕上吸盘的吸附力捕捉猎物。可是这种会发光的十字蛸吸盘的吸附力很弱，因为它的吸盘上的肌肉含量与其他普通章鱼相比非常低。

不过尽管吸附力弱，它却有着依靠腕上的发光器吸引猎物的技能。主要猎物是小虾等小型甲壳类动物。

十字蛸最深可以在水深 4000 米的地方生活，受到刺激后会发出微弱的蓝绿色光。

十字蛸

栖息深度　500 ~ 4000 米
分类　　　头足纲
分布　　　大西洋
尺寸　　　体长约 50 厘米

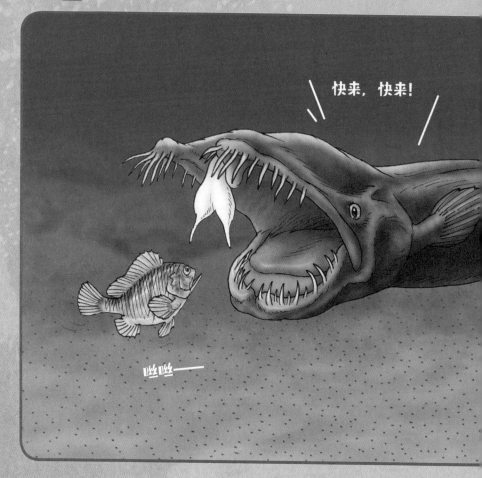

　　鮟鱇捕鱼自带"诱饵"（在生物学上叫作拟饵）。普通鮟鱇的拟饵是头部的发光器，像细长的钓竿。可是狼阱鮟鱇没有钓竿，它的拟饵更大且分成两股，平时立在头上，等猎物靠近后，狼阱鮟鱇会张开嘴巴，将发光的拟饵弯曲后放入口中，这样就能将猎物引诱到嘴里。

狼阱鮟鱇

用分成两股的巨大拟饵引诱猎物

另外，狼阱鮟鱇身体细长，这也和普通的鮟鱇不同。

狼阱鮟鱇

栖息深度　3600 米
分类　　　辐鳍鱼纲
分布　　　东太平洋
尺寸　　　体长 37 厘米（雌性）

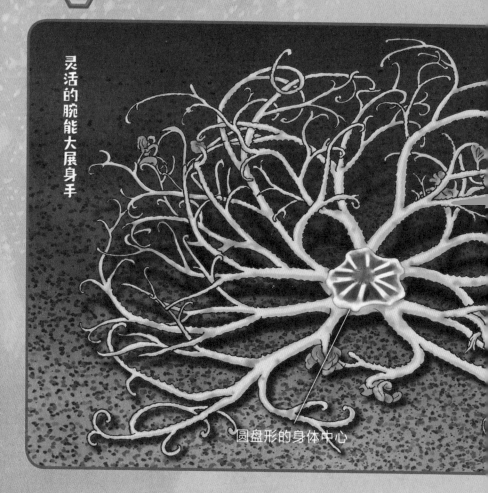

灵活的腕能大展身手

圆盘形的身体中心

　　筐蛇尾与海胆、海星一样，是棘皮动物门蛇尾纲动物。身体中心部分的圆盘长出 5 根腕，每一根又分出很多分支，越靠近前端越细，且会蜷起来。虽然形状像植物的根部，可是令人吃惊的是，弯曲的前端可以带动身体移动，是非常灵活的腕。

　　另外，筐蛇尾还能伸出腕，捕捉漂来的浮游生物等猎物。

腕弯弯曲曲的动物！

筐蛇尾

捕获的猎物会被送入身体中心内侧的嘴里，腕的能力果然很可怕。

蛇尾纲的动物大多会依附在珊瑚上生活。

筐蛇尾

栖息深度	？～1000 米
分类	蛇尾纲
分布	世界各地的海洋中
尺寸	不明

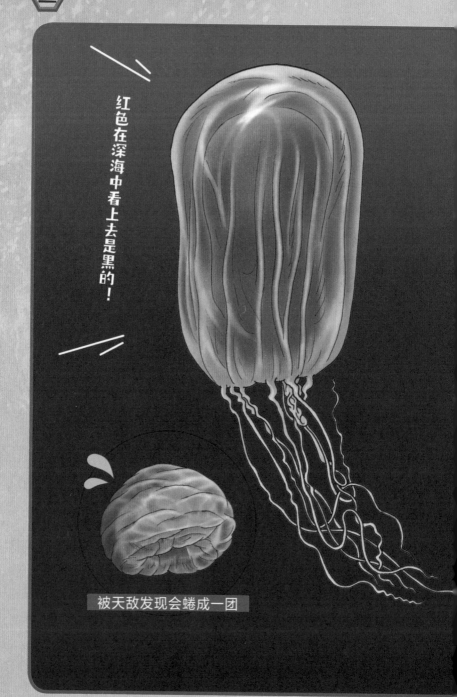

红色在深海中看上去是黑的！

被天敌发现会蜷成一团

双层构造，透明的伞中还有一把红伞！
红灯笼水母

水族馆在展示透明飘逸的水母时会打上灯光，看起来非常舒适。那么住在深海中的红灯笼水母是什么样子呢？

尽管它有一把在海中不引人注目的透明小伞，可是内侧还有一把红色的伞。这是因为红灯笼水母吃掉发光动物后，胃里会发光，红色是为了掩盖胃里发出的光。红色在深海中会发黑，所以就算胃里发光，也不容易被天敌发现。有些种类的水母会主动让自己看起来发黑，所以不适合在明亮的地方展示。

红灯笼水母

栖息深度	450～1000 米（日本近海）
分类	水螅虫纲
分布	太平洋、大西洋
尺寸	高约 18 厘米

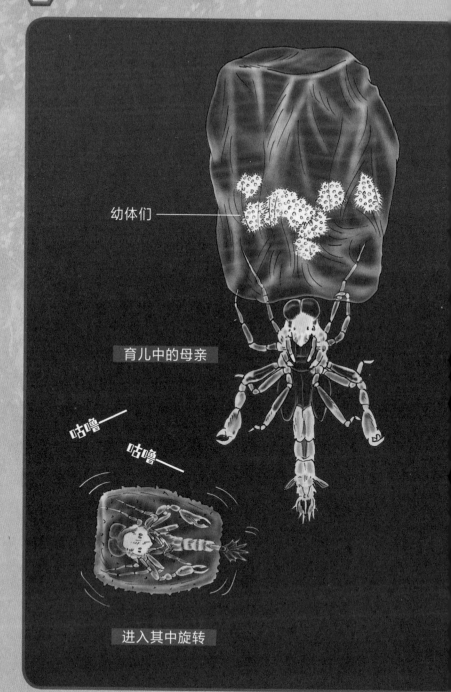

幼体们

育儿中的母亲

咕噜

咕噜

进入其中旋转

定居慎戎是一种深海甲壳类动物，长得像外星人一样。它会袭击樽海鞘（和海樽集群同为脊索动物，将在第 87 页介绍）及磷海鞘等胶质动物，跑进它们的身体之后，吃掉内脏，寄生在里面筑巢。进入筑好的巢之后，定居慎戎就像在透明的酒杯里一样来回转动。

雌性在巢中产卵育儿。从卵中孵化出的幼体吃掉巢穴成长。对幼体们来说，巢里既有食物，又能保护自己不受外敌袭击，是个安全的地方，不过对于被寄生的动物来说，可是添了一个大大的麻烦。

会侵占樽海鞘的身体，甚至在里面育儿！

定居慎戎

第二章

太奇怪了！深海动物

定居慎戎

栖息深度	0～数百米
分类	软甲纲
分布	世界各地的海域
尺寸	全长 2.5～3 厘米

象鼻海豹是深海动物吗？

序言中已经提到，深海是指大海中超过 200 米的地方。而且在深海中捕猎、生活的动物叫作深海动物。

那么，象鼻海豹呢？一般情况下，没有人会认为象鼻海豹是深海动物，可是它们却能够潜到 1500 米深的海中。

潜水时间最长可以达到 2 个小时

抹香鲸能够潜到 3200 米的深处，象鼻海豹比不上它。但是如果只比较潜水时间，象鼻海豹可不会输，它的潜水时间相当长。

普通象鼻海豹的潜水时间在 20 ~ 30 分钟，最长可以达到 2 个小时。抹香鲸能潜水 1 个小时以上。

另外，能潜入深海的动物并不一定只能是鱼类、甲壳类和软体动物，象鼻海豹和抹香鲸就都是哺乳类动物。

象鼻海豹的猎物有章鱼、乌贼、小鲨鱼，以及深海中的盲鳗等动物。它们通常会潜入 300 ~ 500 米深的海里捕猎。

象鼻海豹确实会在深海中捕猎，可是它与抹香鲸不同，并不属于深海动物。

实际上能潜到1500米深处的象鼻海豹

因为在海岸上生活的时间长？

那么，为什么象鼻海豹不能被称为深海动物呢？

这个问题并没有明确的答案。只是象鼻海豹在夏季会脱毛，在长出新的毛之前，大多数情况下会在海岸上度过。

这么看象鼻海豹的话，它是在海岸上生活的动物。和抹香鲸相比，它出现在陆地上的情况明显更多。

不过最近，也有些书将象鼻海豹列入深海动物。今后，也许大家的认知会发生改变。

顺带一提，海豚也能潜入 200 米以下的深海，虽然它总是生活在海中，却也不被称为深海动物。

另外，帝企鹅也能潜到大约 500 米的深处捕猎。特别是近来随着技术的发展，人们逐渐能够凭借性能强大的水下摄影机掌握动物的行动了。今后，也许能发现更多潜入深海的动物。

第三章

超级大的深海生物

大海非常广阔，因此生活着很多巨大的动物。让大象都显得渺小的动物比比皆是。本章将为大家介绍其中格外巨大的动物。

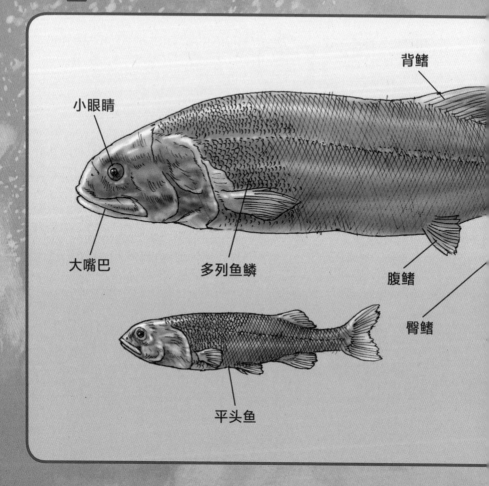

小眼睛

背鳍

大嘴巴

多列鱼鳞

腹鳍

臀鳍

平头鱼

　　2021 年 1 月刚刚发现的新物种，横纲※平头鱼，能达到
1.4 米大小。不过，它并不是经常出现在我们餐桌上的沙丁鱼类
动物。如果是的话，就令人大吃一惊了，因为它的大小是普通
沙丁鱼的 10 倍。

　　横纲平头鱼更接近鲤鱼和鲇鱼。普通平头鱼只有 30 ～ 40
厘米长，而横纲平头鱼是它们的 3 倍。

　　横纲平头鱼的独特之处在于背鳍在臀鳍之前，而且鱼鳞的

横纲平头鱼

有平头鱼的山倍大！

刚刚记录的新物种。

列数较多。相对于巨大的体形，横纲平头鱼的眼睛小而嘴巴大。据说基因也和普通平头鱼不同。

※ 横纲是相扑运动的最高级别。

横纲平头鱼

栖息深度	2500 米
分类	辐鳍鱼纲
分布	日本骏河湾
尺寸	体长 1.4 米

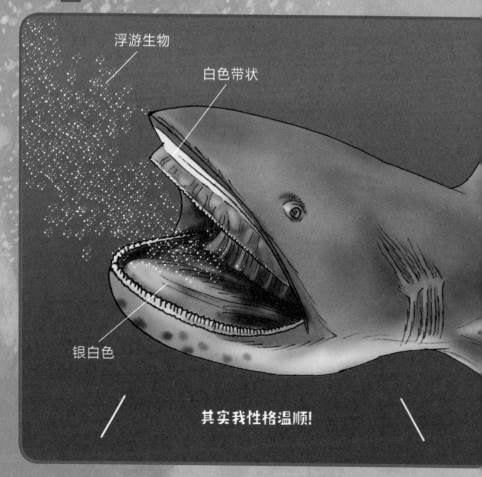

浮游生物

白色带状

银白色

其实我性格温顺!

　　因为有一张大嘴，所以得名巨口鲨。它是鲨鱼的一种，看起来有些可怕。上唇内侧有白色带状条纹，口底呈银白色。口内能发光，目的是吸引猎物。不过，虽然它有一张大嘴，食物却是浮游生物等微小猎物。

　　不过巨口鲨吃饭的方式非常豪爽，能一口气吞下一群浮游生物。它将浮游生物和海水全部吞下后，再把不需要的海水从

第三章 超级大的深海生物

能一口吞下一群浮游生物！嘴巴超大！巨口鲨

鳃排出。

巨口鲨在夜间用餐。它白天潜入深海，到了晚上会浮到海面附近用餐。

巨口鲨

栖息深度	0～200 米
分类	软骨鱼纲
分布	太平洋
尺寸	体长 7 米

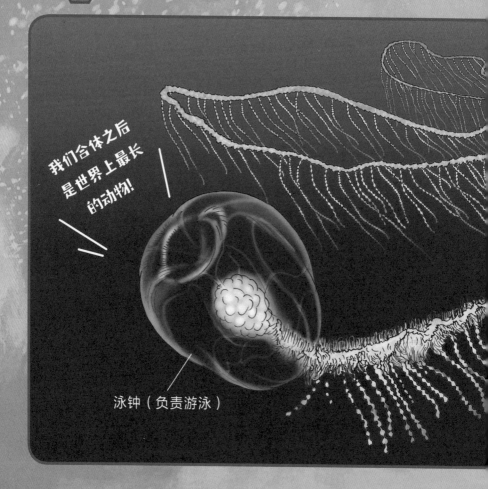

我们合体之后
是世界上最长
的动物！

泳钟（负责游泳）

世界上最长的动物是不定帕腊水母，它能达到 40 米以上。蓝鲸体长 27 米，这种水母比蓝鲸还长 10 米多。

不过这并非个体，而是一大群个体聚集在一起形成的管水母。

虽说是一个集群，不过每一个个体的作用都不一样。有负责游泳的泳钟，有作为触手的个体，还有负责连接个体的躯干，这些个体聚集在一起形成了一个生命体。

触手（捕获猎物）

第三章 超级大的深海生物

不定帕腊水母
最长能达到古古米！

不定帕腊水母的圆形部分是泳钟，从躯干伸出来的是触手。触手上有毒针，用来捕获猎物。

不定帕腊水母

栖息深度	海平面 ~ 3000 米以上
分类	水螅虫纲
分布	除北冰洋与地中海之外，世界各地的海洋
尺寸	体长超过 40 米

闪着金光的眼睛

结实的嘴

　　鼠妇只要被触碰就会蜷缩成团。我们平时见到的鼠妇大小在 1 ~ 1.5 厘米。

　　深海中的大王具足虫最大却能达到 50 厘米，大约是鼠妇的 30 多倍，真是太大了。

　　大王具足虫的食物是尸体。鼠妇会吃掉土壤中的杂物来净化土壤，而大王具足虫会吃海洋动物的尸体，所以有"深海清

第三章 超级大的深海生物

以腐肉为食，是鼠妇的亲戚 大王具足虫

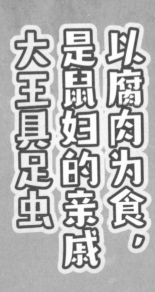

我是深海清洁工！

洁工"的外号。

不过据说日本鸟羽水族馆中饲养的大王具足虫绝食了5年，可见它们的饮食生活实在太神奇了。

大王具足虫

栖息深度	200 ~ 2000 米
分类	软甲纲
分布	墨西哥湾、西大西洋周边的深海
尺寸	体长 30 ~ 50 厘米

因为外形像外星人，所以冥河水母曾在网上引发热议。100多年前它被人类发现，但是被目击次数只有100多次，是非常稀有的动物。

尽管是肉食性动物，不过它的猎物只是浮游生物。它有4条宽大的口腕（最长能达到10米，而且头部伞径能达到1.5米），用来捕获浮游生物。游泳的时候也需要利用口腕来移动。

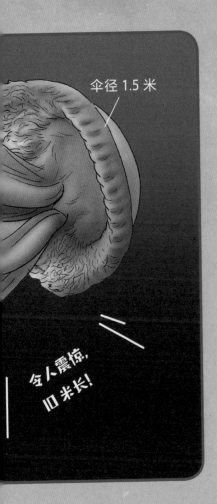

伞径 1.5 米

全人震慑，
10 米长！

第三章 超级大的深海生物

世界上最大的肉食性水母！冥河水母

冥河水母

栖息深度	200 ~ 1000 米（也会浮上海面）
分类	钵水母纲
分布	世界各地的温暖海域
尺寸	体长 10 米（最长）

　　巨螯蟹与矛尾鱼、鹦鹉螺一样，被称为"活化石"。据说它们从1200万年前生存至今。

　　日本近海也能看到它们的身影。日本神奈川县的相模湾和静冈县的骏河湾能够捕捞到巨螯蟹。骏河湾旁的户田甚至还会用巨螯蟹的壳制作面具，用来驱魔。巨螯蟹的双螯张开后，跨度能达到3米。巨螯蟹既是世界上最大的螃蟹，也是世界上现存最大的甲壳类动物。

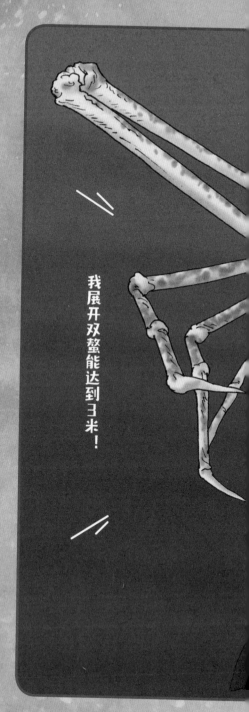

我展开双螯能达到3米！

最大的螃蟹，最大的甲壳类动物！

巨螯蟹

巨螯蟹

栖息深度	50～400 米
分类	软甲纲
分布	太平洋沿岸
尺寸	甲壳宽约 30 厘米（张开双螯能到 3 米）

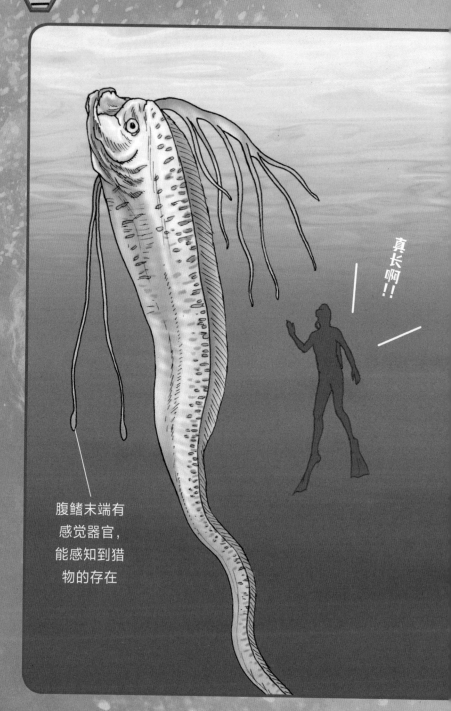

真长啊!!

腹鳍末端有感觉器官，能感知到猎物的存在

第三章 超级大的深海生物

龙宫来的使者？古里古怪的超长怪物鱼

皇带鱼

皇带鱼扁平的长长的身体上长着鬃毛一样的背鳍，下巴下面还延伸出两条长腹鳍。

因为皇带鱼的样子太古怪，有时还会因为漂到日本的海岸上引发热议。每次见到皇带鱼，人们都会议论纷纷："是不是大地震要来的前兆？"实际上并不会地震……

皇带鱼的特点和带鱼一样，头朝上竖着游泳。这是为了让自己不容易被天敌发现，因为天敌从下方向上看时只能看到小小的影子。确实没错，毕竟皇带鱼最长能达到将近11米，竖起来游泳不那么显眼，真是个好办法。

皇带鱼

栖息深度	200 ~ 1000 米
分类	辐鳍鱼纲
分布	太平洋、大西洋温暖海域
尺寸	体长 3 米（最长达 11 米）

平时

捕猎时

呀!

啊呜——

　　欧氏尖吻鲛在日本东京湾、相模湾、骏河湾等地均有发现。平时乍一看不过是有着细长尖吻的普通鲨鱼，可是欧氏尖吻鲛咬住猎物时，超级怪异的两颌会一下伸出去。

　　欧氏尖吻鲛的头部结构是颌骨和头骨之间由一块长长的骨头相连，捕捉猎物时，长骨将颌骨推向前方。

第三章

超级大的深海生物

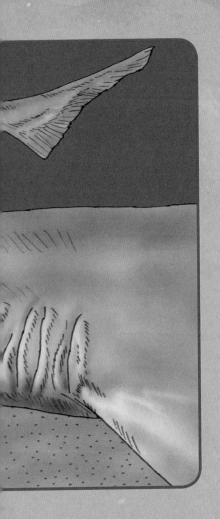

乍一看只是普通的鲨鱼，
伸出两颌后突然变得
超级怪异的欧氏尖吻鲛

欧氏尖吻鲛

栖息深度	30 ~ 1500 米
分类	软骨鱼纲
分布	世界各地的海域
尺寸	体长 4 ~ 5 米

住在北大西洋的格陵兰睡鲨寿命尤其长，是脊椎动物中寿命最长的动物，能够超过 400 岁。

长寿的秘诀是悠闲地生活。格陵兰睡鲨游泳时的时速只有 1 千米，是人类步行速度的 1/4。而且它的生长速度慢，每年只能长大 1 ~ 2 厘米。

可是格陵兰睡鲨的胃中曾经发现过海豹和一角鲸的骨头。它是怎样以 1 千米的时速捕获这些动物的呢？说不定它可以游得更快，或者是趁着猎物睡着的时候抓住的？这个问题现在依然是未解之谜。

格陵兰睡鲨

栖息深度	10 ~ 2000 米
分类	软骨鱼纲
分布	北大西洋、北冰洋
尺寸	体长 7 米

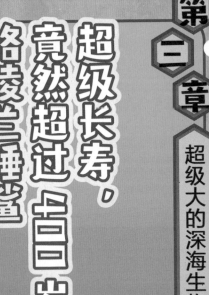

超级长寿，竟然超过400岁！

格陵兰睡鲨

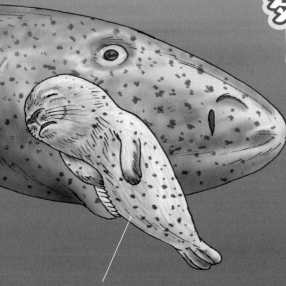

抓住你了！

睡着的海豹？

再游快点?!

抓住了吗？

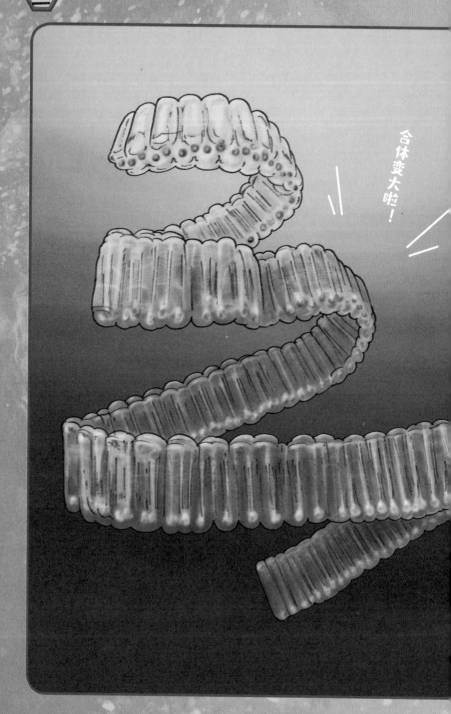

合体变大啦！

好多只连在一起变成超大型生物！海樽集群

由好多只筒状透明果冻样的海樽科动物聚集在一起形成的集群。和第63页介绍过的定居慎戒寄生的樽海鞘类似。虽然每一只个体只有几厘米，不过当众多个体连接在一起形成集群后，最长能达到几十米，以超大型的姿态在海中漂荡。海樽有两个时期，个体时期以及集群时期。

另外，每一个海樽个体都拥有雄性和雌性两套生殖器官，是雌雄同体动物，因此单独的个体也可以像雌性和雄性动物一样繁殖。海樽生活在世界各地的海域，最近常见于南极。

海樽集群

栖息深度　0～4000米
分类　　　海樽纲
分布　　　世界各地的海域
尺寸　　　一个几厘米

牙齿形状独特

灰六鳃鲨白天在深海捕食螃蟹等，夜间浮上海面捕食鱼类、章鱼等。最长的个体能达到约 6 米，可以说在深海食物链中位置相当高。

它牙齿尖锐，呈独特的锯齿状，能够轻易吃下坚硬的甲壳类动物，以及章鱼、乌贼和体形较大的鱼。

虽然产卵，却并非卵生，而是将卵在子宫内孵化后生出。

第三章

超级大的深海生物

为了捕猎到处跑，白天在深海，夜晚浮上海面。梦幻般的深海鲨鱼 灰六鳃鲨

灰六鳃鲨宝宝在妈妈的肚子里从卵黄中摄取养分，长到 60 ~ 70 厘米大小后被生出来。

灰六鳃鲨	
栖息深度	1 ~ 2500 米
分类	软骨鱼纲
分布	世界各地的海域
尺寸	体长 3 ~ 6 米

看我看我！这可是像剑尖一样的长吻哟！

有毒的刺

因为头前方伸出的长吻像天狗的鼻子，所以太平洋长吻银鲛在日本又叫"天狗银鲛"。

可是它的长吻是胶质的，非常柔软，完全不能当成剑来用，只是虚有其表的花架子。

太平洋长吻银鲛的可怕之处在于背鳍上的三角形大刺。刺

有 50 根小刺

太平洋长吻银鲛

不过是花架子！

像剑尖一样的吻部

上有毒，就连人类被刺到之后都会感到疼。另外，它的尾鳍上也有将近 50 根小刺。

太平洋长吻银鲛

栖息深度	300 ~ 1490 米
分类	软骨鱼纲
分布	太平洋等
尺寸	休长 2 米

091

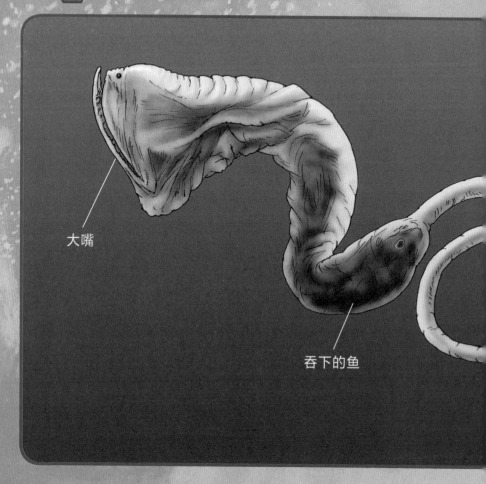

大嘴

吞下的鱼

　　囊鳃鳗有一张大嘴。它平时身体纤细，不过胃相当柔软，可以配合猎物的大小伸缩。

　　吞下较大的猎物后，它细细的腹部会像气球一样膨胀起来。囊鳃鳗被发现时，经常是将鱼吞进胃里后的样子，会呈现出插图中那样的形态。

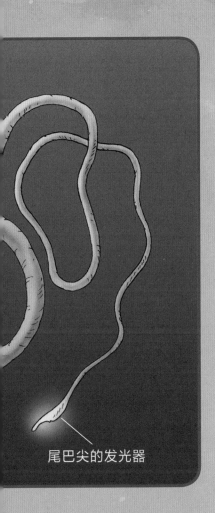

尾巴尖的发光器

第三章 超级大的深海生物

超级柔软的胃 能吞下整个猎物！
囊鳃鳗

细长的尾巴尖上有发光器，用来引诱猎物。眼睛很小，只能感光。较大的囊鳃鳗体长可以达到2米。

囊鳃鳗

栖息深度	2000 ~ 3000 米
分类	辐鳍鱼纲
分布	北大西洋
尺寸	体长 1 ~ 2 米

矛尾鱼
区域封闭型深海动物

　　矛尾鱼的名字大家应该都听说过。它被称为"活化石"，水族馆里也有展示，可是并没有活体展示。

　　矛尾鱼生活在非洲东侧的科摩罗群岛周围，以及印度尼西亚周围的苏拉威西岛附近。

　　矛尾鱼主要生活在 500 米深处，要想钓起来也需要花一番功夫。

过去，矛尾鱼有 90 多种

　　现存的矛尾鱼只剩下了科摩罗群岛周围和苏拉威西岛附近的两种，而过去曾经有超过 90 种，可惜几乎全部灭绝了。

　　现存矛尾鱼最长能达到 2 米。可是在摩洛哥发现的化石长有 3.8 米。最近还发现了长度接近 5 米的矛尾鱼化石。

　　矛尾鱼在大约 3.8 亿年前的古生代泥盆纪曾有过一段繁荣期，学界普遍认为它们在 6600 万年前灭绝。古生代比恐龙主要生活的中生代更加古老。

定居生存下来的两种矛尾鱼

不过在 1938 年，在科摩罗群岛附近发现了活的矛尾鱼，当时着实引起了巨大的轰动。

那么，为什么只剩下两种矛尾鱼呢？答案并不明确，不过生活在各海域的矛尾鱼经过漫长的岁月，已经逐渐定居，为适应所在水域完成了进化。

现存只有两种

如果环境发生变化，矛尾鱼恐怕就会灭绝。仅剩的两种矛尾鱼所在的环境并没有发生巨大的变化，所以一直生存到了现在。

　　那么，矛尾鱼为什么被称为"活化石"呢？

矛尾鱼被称为"活化石"的原因

　　因为矛尾鱼从太古时期到现在，骨骼构造几乎没有发生变化。矛尾鱼属于辐鳍鱼纲，不过大部分骨骼是软骨。它没有背骨，脊柱只是一根装满液体的细长管子。另外，矛尾鱼的下颌下方有两块名叫喉板的骨头，头盖骨的特征也没有发生改变。

第四章

可爱的深海动物

深海中有很多可爱的动物，比如像小皮球一样闪闪发光的水母，可爱的冰海天使，等等。可是也有会突然变得可怕的动物。本章将为大家介绍可爱的动物。

圆滚滚!

尖刺

刺的长度有 1 ~ 1.5 厘米

虽然是可爱的粉色，可是身上全是刺 球栗蟹

乍一看就像圆滚滚的粉色栗子，其实力气很大，是寄居蟹的同类。

它的名字就叫球栗蟹，从肚子到背后长满了密密麻麻的尖刺。刺的长度有 1 ~ 1.5 厘米，相当尖锐，用来保护自己不受敌人的伤害。

另外，虽然插图上看不出来，不过它的钳子同样非常有力，甚至能轻易夹断圆珠笔。

直到最近，人们还认为它是日本特产的螃蟹，不过近年来在新西兰附近海域也有发现。

球栗蟹

栖息深度	180 ~ 600 米
分类	软甲纲
分布	日本近海到新西兰附近海域
尺寸	体长约 30 厘米（甲壳宽 15 厘米）

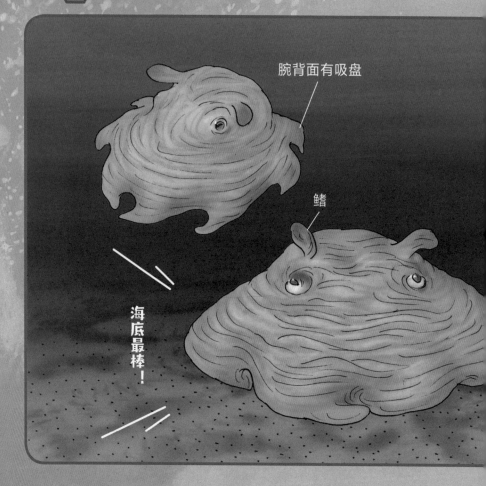

腕背面有吸盘

鳍

海底最棒！

扁面蛸平时会安静地趴在海底，就像电影里在地面着陆的外星人飞碟一样。

它游泳时，会把身体缩起来，吐出一口水，来获得推力。另外，它可以使用像耳朵一样的鳍，让整个身体伸展与收缩，向前游去。

8根腕上有膜，像裙子一样。不管什么时候它都是一副温暖柔软的样子。

去游泳咯！

轻飘飘，像飞碟一样的扁面蛸

可是如果到陆地上，扁面蛸就会因为自身的重量扁扁地贴在地上。扁面蛸的体内大多是海水，柔软的身体移到地面上，就会被其中的海水压扁。

扁面蛸

栖息深度	150 ～ 1060 米
分类	头足纲
分布	日本近海
尺寸	直径 26 厘米（最大）

热液

营养！

营养！

营养！

　　全身雪白，带有钳子的蟹螯缓缓向左右两边摇摆，在喷涌而出的热液前舞蹈。

　　雪人蟹是第9页介绍过的，聚集在热液喷口周围的动物之一。

　　长长的足上长满了毛，毛里面住着细菌，为雪人蟹提供了食物。

营养！

第四章

可爱的深海动物

令人忍俊不禁、像雪人一样的雪人蟹

它们挥舞蟹螯是为了让细菌吸收热液中释放出的营养。

雪人蟹

栖息深度　2200 米
分类　　　软甲纲
分布　　　南太平洋的热液喷口附近
尺寸　　　甲壳长 5 厘米

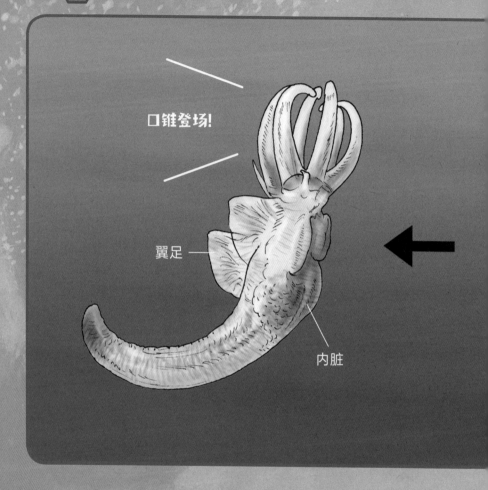

口锥登场!

翼足

内脏

　　在海里漂荡的冰海天使小巧透明。在水族馆里也能看到它轻飘飘的身影，简直就像天使一样，非常受欢迎。

　　可是，它会突然变身为魔鬼，从头上伸出 6 根腕（名叫口锥）瞬间捕获猎物。它的猎物是可爱的浮游性卷贝，抓住卷贝后，它会从壳里扯出肉吃掉。

　　冰海天使捕食的样子打破了大家对它的美好印象，甚至觉

啊!
是猎物。

第四章

可爱的深海动物

冰海天使

非常可爱，捕猎时却会变成魔鬼！

得"爱一下子就冷却了"。

　　冰海天使的中文正式名叫裸海蝶。

冰海天使

栖息深度　0 ~ 600 米
分类　　　腹足纲
分布　　　寒冷海域
尺寸　　　体长 1 ~ 3 厘米

透明乒乓球长在了树上？
乒乓球树海绵

这是一种神奇的动物，正如其名，就像在一棵树上长出了一串葡萄样的乒乓球。看起来像某种植物，其实是海绵的同类，可以在 2600～3000 米深的海里找到。

乒乓球树海绵从生到死都不会主动活动，但却是肉食性动物。它是如何捕食猎物的呢？它会吞下撞到球体上的小型生物。看外表有些难以想象，其实它捕食的技巧相当高超。

乒乓球树海绵

栖息深度	2600～3000 米
分类	寻常海绵纲
分布	太平洋
尺寸	高度 50 厘米

第四章 可爱的深海动物

盛开在海底的花？！

帝王枝葵螅

开在海底泥沙上的一枝花！

像上一页的乒乓球树海绵一样，帝王枝葵螅乍一看就像植物，不过其实是腔肠动物中水螅虫的一种。其个体将根部埋在海底柔软的泥沙中，像绽放在深海中的大朵鲜花。虽然将它放在了这一章，但有人会觉得它美丽，也有人会觉得它可怕。

像花瓣一样的部分是触手，长大后直径能达到20厘米。触手能朝着逆流方向展开，捕捉漂来的浮游动物。较大的帝王枝葵螅茎干部分能达到将近2米，形成巨大的花伞。

帝王枝葵螅

栖息深度	50～5300米
分类	水螅虫纲
分布	太平洋、印度洋
尺寸	高1～2米

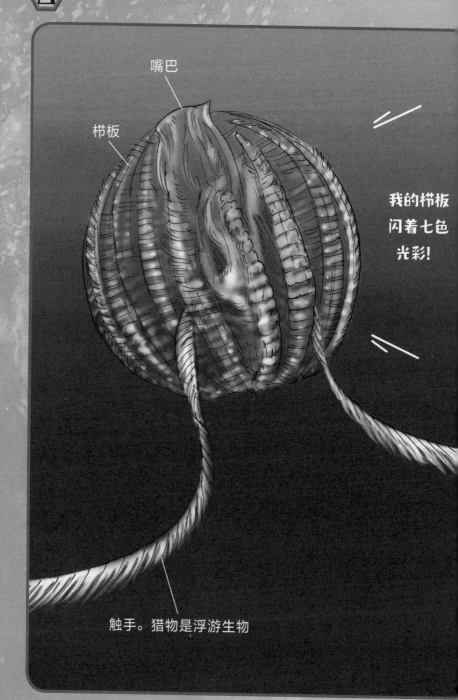

嘴巴

栉板

我的栉板
闪着七色
光彩!

触手。猎物是浮游生物

闪闪发光的球体！

侧腕水母

侧腕水母的栉板在光线下会发出彩虹色的光泽，自身也能散发微弱的光芒。不过虽然名字叫水母，却不是普通的水母，而是栉水母的同类。普通水母有"毒针"，也就是刺细胞，属于腔肠动物。可是这种侧腕水母没有刺细胞，有的是栉板。

侧腕水母是球体，通过摆动栉板来游泳，栉板表面是像梳子齿一样整齐排列的纤毛。球体中伸出的是触手，平时收缩在球体中，捕猎时能伸展到体长的10倍。

侧腕水母

栖息深度	700～3000米
分类	有触手纲
分布	世界各地的海域
尺寸	体长1～2厘米

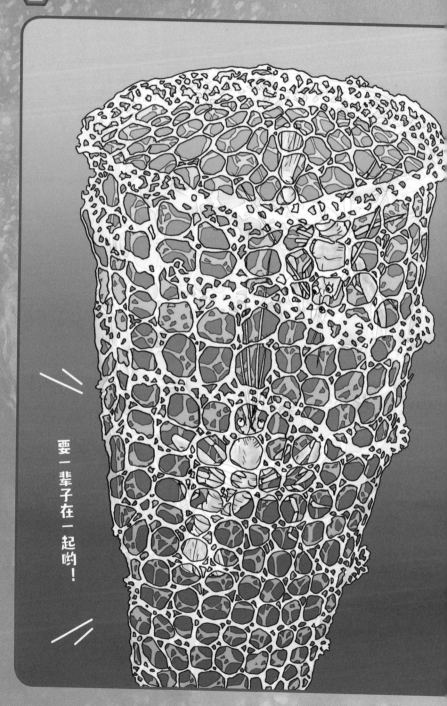

要一辈子在一起哟！

生活在『维纳斯花篮』中的虾阿氏偕老同穴与俪虾

阿氏偕老同穴静静伫立在深海海底，像一个精致的白色花篮，又被称为"维纳斯花篮"，像玻璃工艺品一样美丽，属于海绵动物。生活在其中的两只小虾叫作俪虾，大多是一雄一雌。

两只虾进入阿氏偕老同穴中后，一生都不会离开。阿氏偕老同穴的盖子会紧紧合上。俪虾应该是在长大前还是幼虾的时候钻进去的。

阿氏偕老同穴里面很安全，而且会有有机物流进来作为食物，对俪虾来说是舒适的居住空间。

阿氏偕老同穴与俪虾

栖息深度	100 ~ 3000 米
分类	阿氏偕老同穴：六放海绵纲
	俪虾：软甲纲
分布	太平洋、大西洋、印度洋
尺寸	阿氏偕老同穴：高度30 ~ 80 厘米
	俪虾：体长 1.5 厘米

113

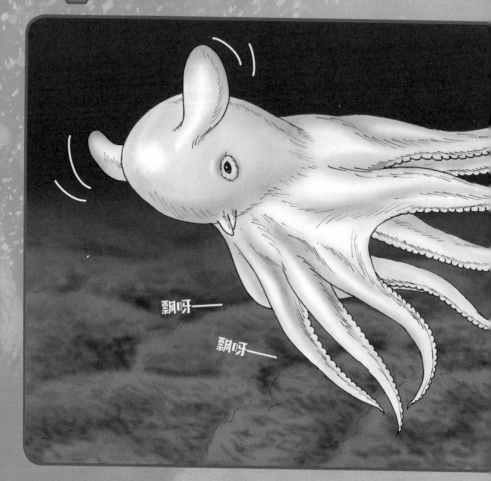

飘呀——

飘呀——

　　小飞象章鱼在深海动物中也属于特别可爱的一种。头部有一对像大耳朵一样的鳍，一边扇动一边在海中缓缓游动。样子很像迪士尼电影《小飞象》里用耳朵代替翅膀在空中飞翔的小象。

轻轻的

站在海底的样子

第四章 可爱的深海动物

深海人气动物 小飞象章鱼

它可以将腕膜翻转过来保护身体。有时能够站在海底。那副样子也相当可爱。

小飞象章鱼

栖息深度	500 ~ 1800 米
分类	头足纲
分布	太平洋
尺寸	体长 8 ~ 10 厘米

圆滚滚

圆滚滚

内脏

用来捕猎的 2 根触腕

圆滚滚的透明身体

玻璃乌贼科动物

玻璃乌贼科动物有着圆滚滚的身体，表面像鱼鳞皮一样粗糙。它们在深海动物中属于比较可爱的类型。

玻璃乌贼科动物大多身体透明，也有带花纹的种类，就像撒了芝麻一样。因为身体透明，所以能看到内脏，它们的内脏大多会竖着长，以避免投下阴影。它们用两根长长的触腕捕捉猎物，另外眼睛周围有发光器。

玻璃乌贼科动物年幼时在真光层生活，长大后下沉到深海中。

玻璃乌贼科动物

栖息深度	0 ~ 2000 米
分类	头足纲
分布	世界各地的海域
尺寸	躯干长 6 ~ 13 厘米

第四章　可爱的深海动物

像深海宝石一样的琼脂公主

在红斑光足参清澈透明的身体上，红色装饰非常漂亮。它在深海海参中也属于非常华丽的品种。

深海海参中有些品种能使用神奇的方式逃离天敌。和前文提到的梦海鼠（见第 39 页）那种粗俗的方法不同，红斑光足参受到刺激后会发出蓝光蒙蔽天敌，以避开危险。

第四章

可爱的深海动物

像柔软的宝石一样，
身上有红色装饰的海参
红斑光足参

红斑光足参

栖息深度　100 ～ 700 米
分类　　　海参纲
分布　　　日本、印度、塔斯马尼亚岛
尺寸　　　体长 3.5 ～ 10 厘米

119

海雪
其实是大海的粪便？！

　　深海中下的"雪"叫海雪，它们会像雪花一样从浅海降落到深海并堆积起来。根据潜水员的说法，海雪大多数时候会让他们的眼前变成一片雪白，就像在雪山遇难时看到的大暴风雪。

海雪是日本研究者命名的

　　起了海雪这个名字的，竟然是日本人加藤健司和铃木升。两人是北海道大学的研究员，1951 年乘坐潜水艇"黑潮号"潜入海底时，因为灯光下的海中浮游物像白色的雪花，于是起了这个名字，并且在论文中发表。

　　这个浪漫的名字感动了世界，从此固定下来。

　　海雪和陆地上的雪不同，大小差异很大，有的甚至能达到 10 厘米，这么大的雪花在陆地上非常少见。

海雪是上天的恩惠

海雪对深海动物来说就像上天的恩惠。因为海雪富含营养，所以在食物稀少的深海，很多动物以此为生。

到了超深渊带，海雪已经被其他动物吃完，所以这里会变成食物相当匮乏的世界。

海雪！虽然名字浪漫······

不过海雪的真实身份可没有名字那么浪漫。它的真实身份竟然是浮游生物的排泄物和尸体等。

虽说如此，但这些排泄物的确富含营养，确实可以称之为恩惠。

不仅是营养，对地球也很重要

海雪的主要成分是碳。它们漂浮在整个海洋中，所以含有相当大量的碳。

也就是说，海雪是地球碳循环中不可忽视的存在。

第五章

太神奇了! 日本近海的深海动物

日本近海中也有骏河湾等相当深的深海。其中有超级神奇的生物蠢蠢欲动。本章将为大家介绍日本近海的动物。当然,它们中的很多在其他国家也能见到。

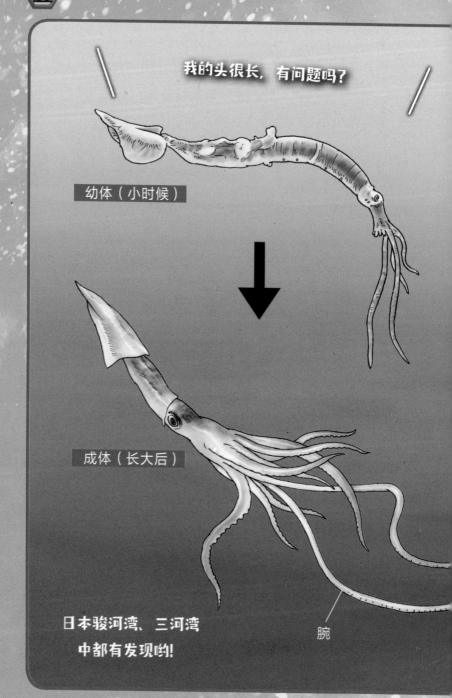

我的头很长，有问题吗？

幼体（小时候）

成体（长大后）

腕

日本骏河湾、三河湾中都有发现哟！

皮氏手鱿身体透明，在深海中漂荡的样子就像幽灵，所以在日语中叫"幽灵鱿鱼"。

潜水员观察到，皮氏手鱿的动作非常活跃。它们长长的腕上有很多发光器，它们利用这些发光器吸引猎物靠近，蒙蔽天敌的眼睛。皮氏手鱿的猎物是虾等小型甲壳类动物。

长大后的皮氏手鱿完全是鱿鱼的样子，不过它们小时候触手很短，头很长，形状非常奇怪。

第五章

太神奇了！日本近海的深海动物

皮氏手鱿

身体透明，在深海中漂荡的皮氏手鱿

皮氏手鱿

栖息深度	200 ~ 600 米
分类	头足纲
分布	太平洋、印度洋
尺寸	躯干长度约 25 厘米（长大后）

我们是微型游泳生物哟！

磷虾

灯笼鱼

樱虾

没有游泳能力，只是随着海流漂流的生物是浮游生物。

另外，具备游泳能力，能主动移动的生物是游泳生物。

那么，微型游泳生物是什么呢？它们是处于浮游生物和游泳生物之间的动物们。尽管具备游泳能力，可是无法逆流而上，而且个头相对较小。

在日本近海有磷虾、灯笼鱼、樱虾、萤火鱿等，特别是磷虾，在日本东北地区每年能捕捞数万吨。

既不是浮游生物，也不是游泳生物——微型游泳生物

第五章

太神奇了！日本近海的深海动物

微型游泳生物

栖息深度	很多微型游泳生物白天在浅滩，夜间在深海
分类	部分鱼类、甲壳类、软体动物等
分布	世界各地的海域
尺寸	小于 10 厘米

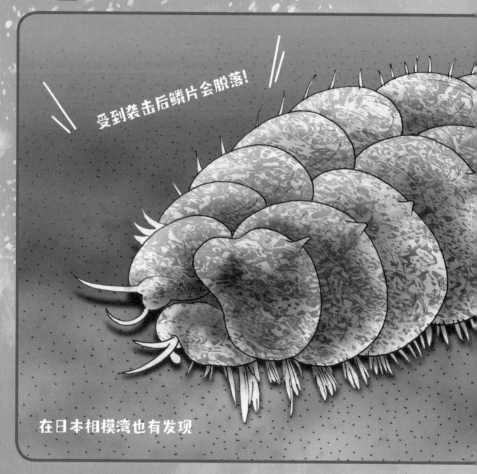

受到袭击后鳞片会脱落！

在日本相模湾也有发现

    多鳞虫有闪烁着七彩光芒的鳞片，不过它的鳞片在遇到天敌袭击时会脱落，用来迷惑敌人，就像壁虎断尾一样。

    多鳞虫的鳞片和后背之间有缝隙，多鳞虫通过让新鲜的海水流过缝隙来呼吸。漂亮的鳞片闪烁着七彩光芒，可是多鳞虫的样子在显微镜下超级可怕。

    书中特意没有画出多鳞虫在显微镜下的模样：嘴巴周围有

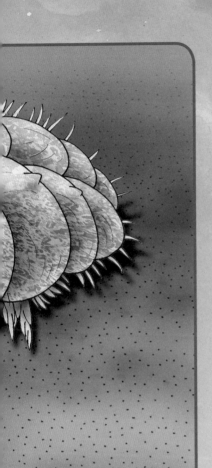

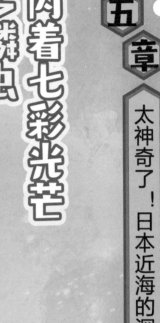

第五章

太神奇了！日本近海的深海动物

多鳞虫

闪着七彩光芒

几个三角形的凸起，嘴里还长着一排细密的牙齿，简直就像外星生物一样。

多鳞虫

栖息深度	浅滩～2000米
分类	多毛纲
分布	品种不同，广泛分布在全世界各地的海域中
尺寸	体长5～15厘米

129

正中间的大洞不是紫黏盲鳗的嘴，而是它的鼻子，嘴在鼻子下方。因为紫黏盲鳗的眼睛退化，被埋在皮肤里，所以鼻子代替眼睛，用气味寻找猎物。它的猎物主要是尸体，对鲸的尸体格外敏感。它能钻进鲸的身体里，用锯子一样的牙齿撕下肉来吃掉。

另一方面，受到天敌的攻击时，紫黏盲鳗会从身体中释放出黏液包裹住敌人。黏液黏糊糊的，会进入敌人的鳃里让对方窒息，对它的天敌来说非常危险。

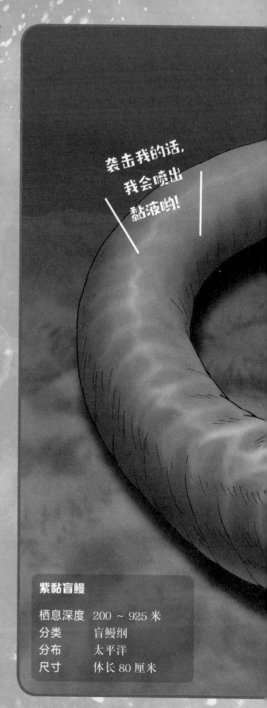

袭击我的话，我会喷出黏液哟！

紫黏盲鳗

栖息深度	200 ～ 925 米
分类	盲鳗纲
分布	太平洋
尺寸	体长 80 厘米

太神奇了！日本近海的深海动物

紫黏盲鳗

眼睛退化！通过气味寻找猎物

鼻子

嘴巴

我最喜欢
腐肉了！

用这个拟饵来诱导猎物

两端向下弯曲的大嘴

看上去是胡须，其实是皮肤的延长

阿部单棘躄（bì）鱼静静地趴在深海中。红色的身体上有绿色的斑点。

阿部单棘躄鱼身体上的红色是为了隐藏自己，它生活的深度大多为130米左右，阳光还能到达。

可是红色光到不了这么深的地方，所以红色的身体会隐藏在大海中。

阿部单棘躄鱼会摇动双目之间突起的拟饵，诱导猎物靠近。

132

第五章

太神奇了！日本近海的深海动物

红色在大海中不容易被发现

阿部单棘躄鱼

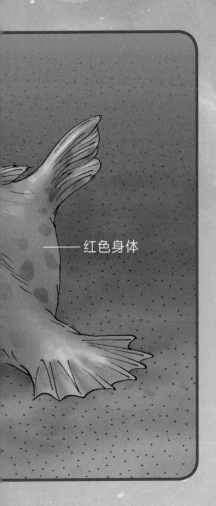

—— 红色身体

它不太擅长游泳，会利用腹鳍和尾鳍在海底行走。顺带一提，遇到天敌袭击时，它会展示出惊人的绝技，吸入海水让身体变大来威吓敌人。

阿部单棘躄鱼

栖息深度	75 ～ 500 米
分类	辐鳍鱼纲
分布	日本南部沿海、中国台湾近海
尺寸	体长 30 厘米

133

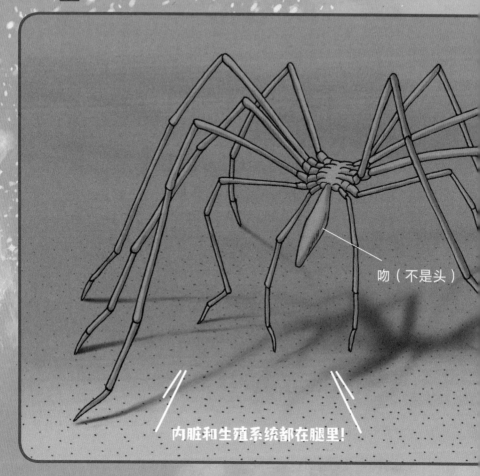

吻（不是头）

内脏和生殖系统都在腿里！

　　虽然名字里有蜘蛛，不过不是蜘蛛，而是海蛛纲的动物。因为全都是脚，所以海蛛纲又称皆足纲。

　　内脏和生殖系统竟然也延伸到腿中。要是人的腿里有内脏的话，就太吓人了吧。

　　另外，外表像头一样的部分是吻，可以吸食猎物体液。有些吓人。

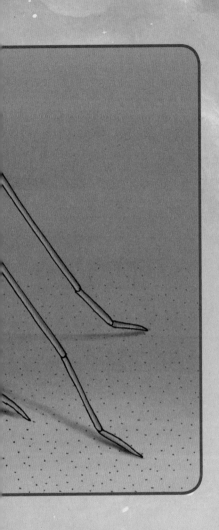

第五章

太神奇了！日本近海的深海动物

像蜘蛛不是蜘蛛

海蜘蛛

海蜘蛛的育儿过程也很奇怪。雌性产卵后，雄性会在自己的腿上分泌出像胶水一样的液体，然后将卵粘在腿上养育、保护。

海蜘蛛

栖息深度	700 ~ 4000 米
分类	海蛛纲（皆足纲）
分布	世界各地的海域
尺寸	腿伸展开后能达到 50 厘米

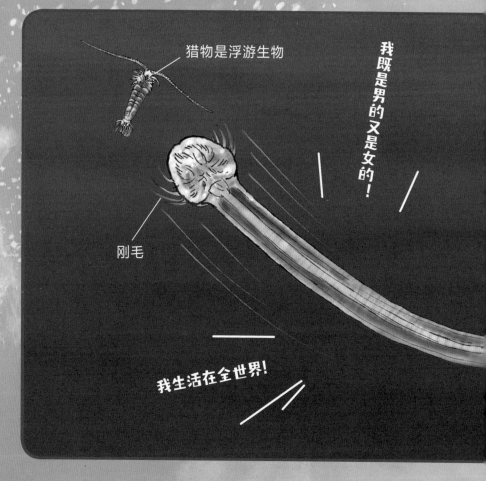

猎物是浮游生物

刚毛

我既是男的，又是女的！

我生活在全世界！

　　能像射出的箭一样迅速冲出去并抓住猎物，所以叫作箭虫。箭虫的身体表面有传感器官，能够感受到水的振动，借此掌握猎物的位置，然后用头上的刚毛捕获猎物，它的猎物是浮游生物。

　　可是箭虫有一个更大的特点，那就是它雌雄同体。

　　我仿佛已经听到大家惊讶的声音了，每一只箭虫都同时拥

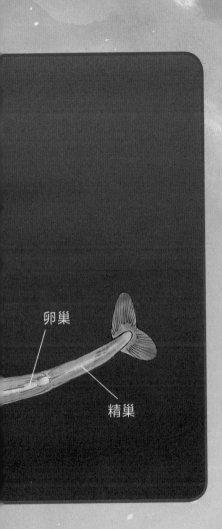

卵巢

精巢

箭虫

以超快的速度抓住猎物

有卵巢和精巢，可是却无法只靠自己繁殖后代。它们需要得到另一只箭虫的精子来繁殖自己的后代，然后把自己的精子交给对方。互惠互利！

箭虫

栖息深度	0 ~ 6000 米
分类	箭虫纲
分布	世界各地的海域
尺寸	体长 1 ~ 6 厘米

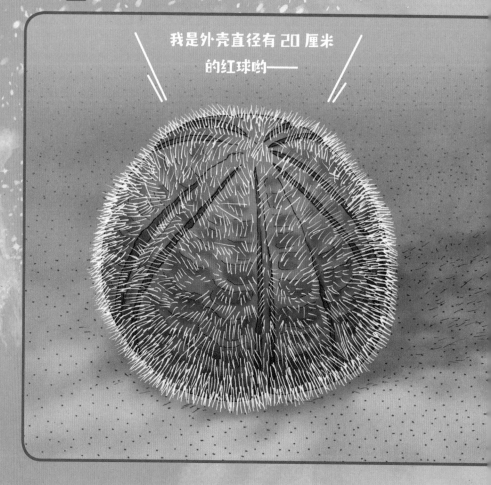

我是外壳直径有 20 厘米
的红球哟——

牟氏脆心形海胆个头很大，所以在日语中有"超级海胆"之称。

普通的海胆大多会静静地趴在海底泥沙中，不过据说这种牟氏脆心形海胆会爬来爬去，吃掉泥沙中的有机物。

牟氏脆心形海胆爬行后，会在海底留下辙印。

留下辙印

第五章

东奔西跑的牟氏脆心形海胆

太神奇了！日本近海的深海动物

另外，牟氏脆心形海胆大多会群居，想到一群红色小球到处爬来爬去，真是又有趣又有些可怕，或许这就是深海吧。

牟氏脆心形海胆

栖息深度　560 ～ 1615 米
分类　　　海胆纲
分布　　　日本相模湾以南的西太平洋
尺寸　　　外壳直径 20 厘米

闪闪发光

闪闪发光

春天饭桌上的时令食物！

萤火鱿

全身都有发光器，能发出明亮的冷蓝光

萤火鱿是日本人非常熟悉的动物，是富山湾独特的春日风物。它可以煮，可以烤，腌过之后最好吃！在夜晚黑暗的海岸上，许多萤火鱿发出冷蓝光，这是它们浮到海面上来产卵时的景象，是富山湾特有的美景。

萤火鱿是深海动物，皮肤上有 500～1000 个发光器。它可以根据周围的亮度调整光的强弱，利用光芒掩盖自己的影子，逃过天敌的目光。还有一种说法，这是同伴之间交流的信号。萤火鱿的腕末端也有 3 个发光器，接触物体后会发光。

萤火鱿

栖息深度	100～600 米
分类	头足纲
分布	太平洋的一部分海域
尺寸	躯干长度约 7 厘米

生活在超高水压中的鱼

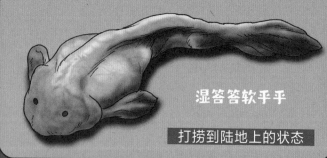

湿答答软乎乎

打捞到陆地上的状态

在日本海沟中被发现，像果冻一样的钝口拟狮子鱼

日本海沟的深度超过 6000 米。钝口拟狮子鱼就是在如此深的地方被发现的。那里是人类绝对无法承受的高水压环境，狮子鱼科的动物能够适应这种环境，是因为它们柔软的身体中还有大量的水分。因为身体几乎全部由水组成，因此就算在高水压的环境中也不会被压扁。

东京大学研究所的团队在 2008 年拍到过一群钝口拟狮子鱼聚集在人为安置的鱼饵周围充满活力地游泳的景象。它们生活在水温接近 0 摄氏度、伸手不见五指的黑暗世界中。

钝口拟狮子鱼

栖息深度	在 8178 米深处发现
分类	辐鳍鱼纲
分布	日本海沟
尺寸	体长约 13 厘米

143

前方发现猎物！

眼睛转向前方

正宗后肛鱼

虽然头部不透明，
不过是后肛鱼的亲戚
望远冬肛鱼

后肛鱼在深海鱼中知名度极高，说到透明的头部，大家就会想到它们。后肛鱼的头部和尾巴透明，有朝向上方的巨大眼睛和软塌塌的鼻子。它们头部内侧的样子能清楚地看到，是有些阴森的神奇鱼类。

后肛鱼的亲戚中有一种虽然头部不透明，但是外形相似的鱼——望远冬肛鱼。巨大的眼睛和后肛鱼一样，平时会朝向上方，不过发现猎物后会转向前方。后肛鱼在发现猎物后，同样会将眼睛转向前方。

望远冬肛鱼

栖息深度	100 ～ 3000 米
分类	辐鳍鱼纲
分布	太平洋、印度洋、大西洋
尺寸	体长 15 厘米

有 7 对鳃裂

一双明亮的绿色大眼睛
忽闪忽闪的

　　尖头七鳃鲨生活在世界各地的温暖海域，是一种深海鲨鱼。
虽然平时生活在海底，不过偶尔会上浮到浅滩附近。身体大约
有 1 米长，在鲨鱼中个头较小，有 7 对鳃裂。
　　一双明亮的绿色大眼睛忽闪忽闪的，能充分反射光线。尖
头七鳃鲨以章鱼、甲壳类动物、鲨鱼、鳐鱼等为食，上颌中有

祖母绿色的眼睛很突出 尖头七鳃鲨

像钥匙一样形状曲折的牙齿，下颌中有像梳子一样宽度较大的牙齿，还长着很多小牙。

尖头七鳃鲨

栖息深度	200 ～ 1000 米
分类	软骨鱼纲
分布	全世界温暖的海域
尺寸	体长 1 ～ 1.5 米

147

圆身短吻狮子鱼体形像蝌蚪，柔软的皮肤很有弹性，属于狮子鱼科。

圆身短吻狮子鱼与前文中出现的钝口拟狮子鱼（第143页）一样，身体含水量很大，可以忍受高水压。它没有鳞片，腹部有吸盘，可以避免被海流冲走。

我是在日本知床半岛海域被发现的！

圆身短吻狮子鱼

栖息深度　　200～500米
分类　　　　辐鳍鱼纲
分布　　　　日本（北海道知床半岛海域）
尺寸　　　　体长约15厘米

第五章

太神奇了！日本近海的深海动物

像魔芋一样的深海鱼 圆身短吻狮子鱼

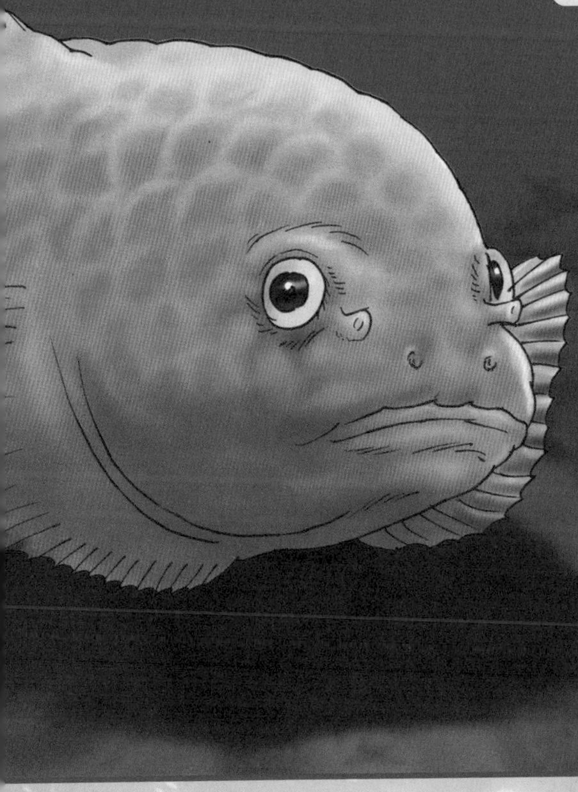

我是在日本骏河湾被发现的!

闪烁着暗淡绿光的眼睛

像猪一样的鼻子

像削皮器一样的皮肤

　　至今为止，只发现了十几只日本尖背角鲨，发现地主要在日本。它的身体表面有无数小刺，就像用来削萝卜的削皮器一样，鼻子的形状既像猪又像狸猫。

　　不过我们几乎不知道这种鲨鱼的生态特征。虽然有几家水族馆尝试过饲养活的日本尖背角鲨，可是全都失败了，它们都

第五章

太神奇了！日本近海的深海动物

我有两片背鳍哟

超级梦幻的鲨鱼！皮肤像削皮器的日本尖背角鲨

在几周之内死亡了。日本尖背角鲨有两片背鳍和闪着绿光的眼睛，拥有其他鲨鱼所没有的魅力，是神秘的稀有品种。

日本尖背角鲨

栖息深度	150 ~ 350 米
分类	软骨鱼纲
分布	日本骏河湾
尺寸	体长 65 厘米

151

到水族馆去看深海动物!

鲣鱼、金枪鱼、竹荚鱼、秋刀鱼……一定有很多人见过它们甚至吃过它们吧。

深海动物有时也会摆在餐桌上,也有人非常喜欢用萤火鱿做下酒菜。

全世界第一家以深海动物为主题的水族馆

可是这本书中介绍的大部分深海动物不仅没有人吃过,甚至没有人见过。如果是这样,我推荐大家去水族馆。日本各地都有很多水族馆会展示深海动物。

提到深海动物就要提到"沼津港深海水族馆"了,它在日本静冈县沼津市。这是全世界第一家以深海动物为主题的水族馆。

在这里你可以看到冷冻的矛尾鱼标本,以及骏河湾的深海动物。

沼津港面向骏河湾,登上著名的沼津港展望台,整个骏河湾尽收眼底。骏河湾是日本最深的海湾,最深处可达到 2500 米,自然是深海动物的宝库。

拥有日本各地深海动物的水族馆

　　在日本首都圈内，东京池袋的高层大楼中有一家"阳光水族馆"。这里当然不会只展示深海动物，不过在"冰冷的海洋"区域，能看到很多深海动物。

神奈川县有一家"新江之岛水族馆"，里面在展示载人潜水调查船"深海2000"。另外，在"深海Ⅰ～JAMSTEC共同研究"展示室中，有海洋馆与国立研究开发法人海洋研究开发机构合作展示的，对深海研究最前沿结果的介绍。

　　爱知县的"名古屋港水族馆"里有"深海画廊"。大阪"海游馆"里有日本海沟展示室，都可以看到日本的深海景象。另外，冲绳的"冲绳美丽海水族馆"一层是冲绳的深海区域，能看到大约100种深海动物。

　　请大家一定要去参观一次。

冰海天使

日本各地能看到深海动物的主要水族馆

地方	水族馆名称	地址
山形	加茂水族馆	山形县鹤冈市今泉大久保
福岛	海蓝宝石福岛水族馆	福岛县磐城市小名滨字辰巳町
东京	葛西临海水族园	东京都江户川区临海町
东京	阳光水族馆	东京都丰岛区东池袋
神奈川	新江之岛水族馆	神奈川县藤泽市片濑海岸
新潟	新潟市水族馆匹亚日本海	新潟县新潟市中央区西船见町
静冈	沼津港深海水族馆	静冈县沼津市千本港町
爱知	竹岛水族馆	爱知县蒲郡市竹岛町
爱知	名古屋港水族馆	爱知县名古屋市港区港町
三重	鸟羽水族馆	三重县鸟羽市鸟羽
大阪	海游馆	大阪府大阪市港区海岸通
鹿儿岛	鹿儿岛水族馆	鹿儿岛县鹿儿岛市本港新町
冲绳	冲绳美丽海水族馆	冲绳县国头郡本部町石川

※ 以公开信息为基准。

155

后记

　　大家觉得如何？

　　是不是有很多令人惊讶的动物？有的奇妙，有的巨大，有的可爱，这就是深海世界。

　　地球表面超过 70% 是海洋，而且地球上的海洋有 95% 属于深海。对人类来说，深海依然是未知的世界，那里还留下了太多未知。

　　如今，全世界都在推进宇宙开发事业。宇宙开发当然是一件了不起的事情，不过将目光更多地转向深海也是一件不错的事吧。

　　深海给予了我们各种各样的恩惠。不仅为我们展示了众多有趣又可爱的动物，或许还孕育出了生命本身。当然，还提供了很多人最喜欢的海鲜。

　　虽然本书没有涉及，但深海中还沉睡着宝贵的资

源。对于天然资源稀少的日本来说，深海资源具有相当高的价值。我们不能置深海于不顾。

粗放开发当然不可取，如果能够了解深海，在和深海动物共存的基础上走向繁荣，整个世界都会变得更加富饶。

《艰难的进化》编辑部

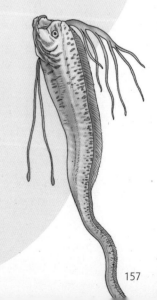

索引

参考文献

『ダイオウイカ vs. マッコウクジラ』(著 / 北村雄一、筑摩書房、2021 年 4 月刊)、『ブルーバックス 深海——極限の世界』(著 / 藤倉克則・木村純一、講談社、2019 年 5 月刊)、『ふしぎな世界を見てみよう! 深海生物大図鑑』(監修 / 藤原義弘、高橋書店、2018 年 6 月刊)、『深海のサバイバル』(著 / ゴムドリ co.　絵 / 韓賢東、朝日新聞出版、2012 年 1 月刊)、『TJmook 深海生物の謎』(監修 / 石垣幸二、宝島社、2017 年 7 月刊)、『NHK スペシャル　ディープオーシャン 深海生物の世界』(監修 / NHK スペシャル「ディープオーシャン」制作班、宝島社、2017 年 9 月刊)、『ポプラディア大図鑑 WONDA アドベンチャー　深海の生物』(監修 / 藤倉克則、ポプラ社、2016 年 6 月刊)『講談社の動く図鑑 MOVE EX MOVE　深海の生きもの』(監修 / 奥谷喬司・尼岡邦夫、講談社、2017 年 6 月刊)、『学研の図鑑 LIVE　深海生物』(総監修 / 武田正倫、学研プラス、2017 年 6 月刊)、『ブルーバックス 日本の深海』(著 / 瀧澤美奈子、講談社、2013 年 7 月刊)、『深海と深海生物 美しき神秘の世界』(著 / JAMSTEC、ナツメ社、2012 年 4 月刊)、『なぞとき深海 1 万メートル』(著 / 蒲生俊敬・窪川かおる、講談社、2021 年 3 月刊)

编者

今泉忠明

毕业于东京水产大学（现东京海洋大学），之后在日本国立科学博物馆从事哺乳动物分类及生态学研究，现任静冈具伊东市猫咪博物馆馆长。曾参与日本文部省国际生物学事业计划、日本列岛综合调查等。著有《艰难的进化》《危险的进化》《失败的进化》等多部科普作品。

今泉智人

毕业于东京海洋大学研究生院应用环境系统学专业，工学博士。现任日本国立研究开发法人，水产研究教育机构、水产技术研究所主任研究员。

绘者

森松辉夫

1954 年出生于静冈县周智郡森町。曾任广告制作公司设计师，1985 年成为独立设计师，现于株式会社 aflo 任职。从事日历、海报、封面插画绘制。他的插画以及填色线稿等作品广受好评。作品被媒体广泛使用。

图书在版编目（CIP）数据

艰难的进化 / (日) 今泉忠明, (日) 今泉智人 编；
(日) 森松辉夫 绘；佟凡 译. -- 北京：中信出版社，
2023.10

ISBN 978-7-5217-5403-2

Ⅰ.①艰… Ⅱ.①今…②今…③森…④佟… Ⅲ.
①深海生物-水生动物-青少年读物 Ⅳ.
①Q958.885.3-49

中国国家版本馆CIP数据核字（2023）第033785号

艰难的进化

编　　者：[日] 今泉忠明　[日] 今泉智人
绘　　者：[日] 森松辉夫
译　　者：佟凡
出版发行：中信出版集团股份有限公司
　　　　　（北京市朝阳区东三环北路 27 号嘉铭中心　邮编　100020）
承 印 者：北京尚唐印刷包装有限公司

开　　本：880mm×1230mm　1/32　　印　　张：5.5　　字　　数：120千字
版　　次：2023 年 10 月第 1 版　　　印　　次：2023 年 10 月第 1 次印刷
京权图字：01-2023-0200
书　　号：ISBN 978-7-5217-5403-2
定　　价：34.00 元